FROZEN PLANET II

冰冻星球 II

冰雪之上的奇迹世界

［英］马克·布朗洛（Mark Brownlow）伊丽莎白·怀特（Elizabeth White）著

马恺 赵茹怡 译 谢文倩 审校

人民邮电出版社

北京

目 录

第1章 冰雪的世界 6

第2章 冰冻的海洋 60

第3章 冰冻的山峰 108

第4章 冰封的南极 162

第5章 冰封的大地 220

第6章 我们的冰冻星球 272

致谢 306

插图贡献者 308

第1章

冰雪的世界

无人机视角下的环海豹（又叫环斑
海豹），它们正在阿拉斯加海岸的
海冰上。环斑海豹是北极地区最常
见的海豹，同时它们也是北极熊猎
食的首要目标——只要极地的洋面
上存在海冰可以让北极熊在上面
捕猎。

你相信吗，地球表面大约有1/5都被冰雪覆盖？可这一点不假。其中一部分冰雪终年存在，例如极地冰原，其冰层的厚度可达惊人的5千米。而有些地方的冰雪则用不了多久就会消融，比如日本伊吹山上冬季的降雪就是这样。在那里，降雪量曾创下24小时内230厘米的纪录，使其成为世界上降雪量最大的地方之一，但到了春季，这些雪就都消失了。对于我们普通人来说，在这样的天气里，我们不得不穿戴上毛茸茸的保暖衣物，有的人出行甚至需要坐雪橇。尽管冰雪可能导致交通瘫痪，电线杆倾倒，村庄被隔绝，但大部分人依然会认同，那些与冰雪为伴的时刻是如此奇妙而又不可思议。冰雪景观有一种近乎超现实的特质，当我们置身其中并亲眼看见冰雪时会感到心旷神怡……但请为生存在东南极高原上的其他生命考虑一下。在深冬时节，这里的气温曾降至零下93.2℃，是地球上最寒冷的地方。要是没有避风所的话，在靠近海岸的陡峭山坡上，任何事物都会遭遇白蒙天的袭击，这样的暴风雪由320千米/时的下降风驱动，热带飓风在它面前也相形见绌。对任何敢于步入此地的生命而言，这里的风、冰与雪相对于其他地方完全是另一种意义。毫无疑问，对于任何生命，无论是人类还是野生动物而言，冰冻之地都是地球上最难以生存的地方。然而从结构最简单的细菌，到体形最为庞大的鲸，生命又坚韧到可以在如此恶劣的条件下生存，甚至茁壮生长。

冰雪圈

说到冰雪圈（又称冰冻圈），人们很容易就能想到南极和北极，但冰雪圈包含的远不止于此：比如冰洞、永久冻土、冰川、高纬度针叶林和高海拔高原，还有冰冻的河流、湖泊和沙漠；爬上任意一座几千米高的山，即使这座山位于热带地区，它的山顶也是一片冰冻的荒原。这些都是科学家口中冰雪圈的一部分。冰雪圈的英文名称来自希腊语krios，意思是"寒冷"。冰雪圈指的是地球上所有液态水和土壤会冻结的地方，无论是非洲的高山，还是西伯利亚的大北方森林，抑或是阿拉斯加广阔的无树冻原，南极洲的冰冻大陆，北极地区的冰冻海洋。每个冰雪圈中都有自己独有的动植物种类，这些生物已经进化到足以在冰天雪地的恶劣条件下生存。然而在如今这前所未有的变化时期，这些生物必须重新征服它们所处的冰冻世界。

▶ 在冬天，基特卡河（芬兰语：Kitkajoki）上会形成莲叶冰。基特卡河位于芬兰境内东北部，在俄罗斯国界线附近，也是冰雪圈的组成部分之一。

帝企鹅的处女航

南极洲是终极的冰冻大陆。这片大陆的绝大部分都被地球上最大的一个冰块所覆盖。因此，久居此地的动植物体形都很小，最大的陆生动物是南极蠓，最长约6毫米，不会飞行。大多数体形较大的动物都是外来游客，其中最具代表性的是一种神秘的鸟类——帝企鹅。与其他在春季繁衍的多数动物不同，帝企鹅父母在一年之中最糟糕的深冬时节首次繁育后代。

随着漫长且黑暗的日子的临近，雌鸟产下一颗蛋，并把它交给雄鸟。雄鸟把蛋稳定在脚上，再用一个温暖的育幼袋（袋状皮褶）包裹住它，以保护它免受即将到来的严寒的侵袭。转移这颗蛋的过程需要足够细心，一不小心就会犯下大错，因为一旦这颗蛋接触到地面，其中的胚胎就会被冻结。如果这颗蛋转移成功，那么雌鸟就会去海洋中觅食两个月，而雄鸟则护着这颗蛋留守原地。当温度下降到零下40℃，风速达到200千米/时，雄鸟就会加入其他留守父亲的行列，集结成群。它们在队伍中摩肩接踵地挪动。这种取暖方式与其说是有意为之，不如说是偶然得之。在这个队伍中，没有一只帝企鹅会在外圈待太久。帝企鹅确实有一个保暖的小窍门：它们可以将羽翼的外表面保持在略低于周围空气的温度，从而尽量减少热量损失。这种保暖措施的关键是平衡辐射散热（热量以辐射方式从帝企鹅温暖的身体中发散到外面的冷空气中）和对流散热所损失的热量。

▼ 一群帝企鹅雏鸟从繁殖地出发，长途跋涉到海上后，在阿特卡湾的冰面上休息。在这片聚居地上，栖息着将近一万只企鹅。

当冷空气在帝企鹅的周身流动时，温度相对较高的空气就会与它们身上相对较冷的羽衣接触，这个过程中就有少许的热量从空气中转移到帝企鹅身上。这些热量聊胜于无，因为身处这样的严寒环境中，即使是获取微乎其微的热量也会改善自身状态。

由于蛋壳非常厚，帝企鹅雏鸟破壳而出一般需要2~3天的时间，它们会比雌鸟回来略早一点出壳。这是帝企鹅雏鸟在生命早期就必须面对的许多挑战中的第一个。在一开始，雄鸟喂给雏鸟一种类似凝乳的嗉囊乳，这种嗉囊乳是由雄鸟食道里的腺体分泌的。除了帝企鹅之外，这种通过食道腺体分泌嗉囊乳的能力只有鸽子和火烈鸟才有。如果雄鸟的伴侣迟迟不回来，雄鸟的泌乳过程可以再持续一个星期左右，再往后雄鸟就不能分泌了，雏鸟就会饿死。

大多数雌鸟会在早春时节天气变得稍微晴朗一些后回到繁殖地。雌鸟会哄劝雄鸟放下雏鸟，从而接管育雏和喂养工作。而雄鸟则会出海觅食，从而补充它在冬季失去的大约20千克的体重。在雄鸟离开后，雌鸟会用由鱼、乌贼和磷虾组成的半消化汤汁来喂养雏鸟。在这之后，亲鸟就会轮流照看雏鸟。如果在此期间，亲鸟中的任何一方出海后没有回来，那么雏鸟就会被遗弃，早早被下达死亡判决。同时，雏鸟也面临着被其他因为失去伴侣而丧子的雌鸟绑架的危险。由于没有伴侣的雌鸟无法成功养育雏鸟，被绑架的雏鸟也会面临同样的死亡命运。在拥挤的帝企鹅群中，雏鸟可能会被踩死；任何离群的雏鸟也可能会被突然发动袭击的巨鹱掠走。在一些地方，帝企鹅雏鸟的死亡有1/3是由巨鹱的袭击造成的。

▶ 帝企鹅雏鸟蜷缩成群，以抵御南极洲时常凛冽的寒风。

　　如果雏鸟在以上的威胁中幸存下来，它们就会聚集到离巢幼龄动物群中寻求庇护与温暖。随着雏鸟逐渐成长，它们对于食物的需求也会增加，因而亲鸟双方都会出海觅食。然而终有一天，亲鸟在离开雏鸟之后就不再回来了。

　　雏鸟不得不自力更生，但这时的它们羽翼还未丰满，除了肥润的体形外一无所有。它们究竟是如何独自度过生命中这段命运多舛的时期的，至今仍然是一个未解之谜。

　　在这期间，仅仅5个月大的雏鸟就必须蹒跚着或贴地滑行穿过冰面最终到达大海。这时，许多雏鸟浑身上下还都是蓬松的灰色绒毛，像穿着灰色的连体婴儿服。这段去往

海边的旅程并不像它们的父母在年初时走过的那样漫长，这是因为海冰会在夏季融化，所以开放的水面会离它们所在的冰面近一点，不过这仍然是一场艰难的远行，因为冰面并不总是平整的，雏鸟在此期间经常滑倒。

这些帝企鹅雏鸟并不会朝着远离大海的内陆走，它们为何知道自己应往何处去是它们身上的另一个谜团。雏鸟行进的其中一个原则是"跟着带头的走"，当一只雏鸟前进时，其他雏鸟也会跟上，直到不知不觉间到达它们的目的地——大海。近期对于帝企鹅雏鸟的追踪研究逐渐揭露了在它们抵达大海后会发生什么。

当帝企鹅雏鸟到达水边时，新的危机接踵而至。环斑海豹会在海冰边缘游走，天真的雏鸟如果愚蠢地在错误的时机入水，就会被环斑海豹迅速抓住。环斑海豹知道向雏鸟出击的最佳时机，但这些雏鸟却仿佛没有意识到这种危险的存在。在海中，雏鸟也令人难以置信地笨拙和不知所措，这使得它们很容易就成为捕食者的目标。雏鸟必须先无师自通地学会游泳、潜水和成功捕猎，并远离捕食者的血盆大口，这一切都不会有父母言传身教，初出茅庐的雏鸟在刚刚起航时就面对着严峻的挑战。

▲ 在纵身跃入大海之前，这些帝企鹅雏鸟在阿特卡湾的冰面边缘踟蹰不前。入水之后，它们向北渡过南大洋的旅程就此开始。

在12月至次年1月这段时间内，帝企鹅雏鸟首先向北游去，并在旅途中避开虎鲸的追捕。它们将游过相当长的一段距离，以到达海面中更温暖的地区，最远可达南纬54°，这差不多和南美洲的最北端一个纬度了。它们需要游到海洋中温跃层相对接近水面的地方。温跃层是指海洋中较温暖的表层水与较冷的深层水交汇的过渡区，这里也是海洋中食物富集的地方。等到4—5月这段时间，帝企鹅雏鸟已经可以熟练地潜水，这时它们会再次游回南方，回到海冰上去。它们将在海冰上过冬，并且在这个冬季里磨炼泳技，自信潜水。在秋季时分，温跃层会下沉到海洋更深处，所以帝企鹅雏鸟的猎物，如磷虾和小型鱼类，也会顺着大陆坡潜入深水区。法国研究人员最近进行的一项追踪研究表明，到这个时候，帝企鹅雏鸟已经可以潜入水下264米的深处了。这对一只年轻的帝企鹅来说是一项了不起的壮举，要知道，在短短数月前，它还只是一个身无长技的大毛球。

拍摄手记

南极洲阿特卡湾

　　"目睹帝企鹅从陆上生活过渡到海上生活的过程实在是妙不可言。"助理制片人约兰德·博斯格说，"在这段时期，帝企鹅正在褪去绒羽，有许多帝企鹅看上去像是留着莫西干头，穿着蓬松的外套。这些帝企鹅每天都要穿越数千米的崎岖地带，越过海冰上的裂隙。它们对我们充满了好奇，直挺挺地走到我们面前，一边啄我们的拍摄装备一边啼叫着，好像在问：'你们到底是谁呀？'等到它们走到海边，没有任何一只愿意先下水，但在本能和觅食冲动的驱使下，一只胆大的帝企鹅会领头，笨拙地翻滚着入水。当看着它们游向远方时，我不禁想，我们对帝企鹅的海上生活是多么地知之甚少。"

▼ 《冰冻星球Ⅱ》纪录片的摄制组跟随一列正在换毛的帝企鹅雏鸟，看着它们穿越冰面，向海洋进发。

造浪冲刷

　　对于年幼的帝企鹅来说，漂浮在南极洲的海冰是它们生活的重要组成部分。没有这些海冰，许多日常活动就无法完成。对于生活在这片区域的其他动物来说也是如此。海冰有两种类型：如果与海岸、岛屿或海底部分冻结在一起，这片海冰就叫固定冰；如果这片海冰可以自由地漂浮，那它就叫浮冰。固定冰即便在夏天也会保持冻结的状态，不会融化，但浮冰就会分裂成小块。

　　这些小块的浮冰不仅是帝企鹅，也是南极洲的海豹，如威德尔海豹和锯齿海豹的重要栖息地，

▲ 在南极半岛的西海岸，一群虎鲸正浮窥周围，估算着它们有没有机会把一只海豹从它小憩的冰面上冲刷到海里。

尽管这些浮冰还远远称不上理想的休息区。

虎鲸是这片区域的顶级捕食者，它们会不停地在这些浮冰附近巡游。虎鲸在南大洋上以"小群"的形式漫游。这样的小群由雌性头领带领，头领通常是小群中最年长的雌性虎鲸。此外，小群中还有几头年轻的雌性虎鲸及幼崽，以及一头有着高大剑状背鳍的成年雄性虎鲸。虎鲸有不同的生态型，每种生态型都以各自专一的食性与其他生态型相区别。

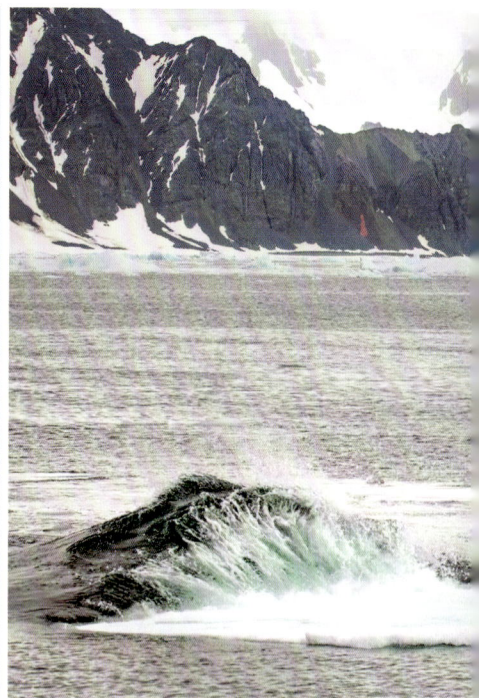

▲ （左）
这群虎鲸正在进行一次演习，以此来测试能否将威德尔海豹冲刷进海里。

（右）
虎鲸所掀起的浪花可以超过1米高。

A型虎鲸远离冰面，捕食小须鲸；B1型虎鲸穿梭在小块浮冰之间，更喜欢捕食海豹；B2型虎鲸同样在浮冰附近捕猎，但它们专门猎杀企鹅；C型虎鲸则追踪浮冰处的蛛丝马迹，寻找鱼类，尤其是南极犬牙鱼的踪迹；D型是亚南极虎鲸，抢夺渔民捕获的巴塔哥尼亚犬牙鱼。B1型虎鲸有时也被称为"浮冰虎鲸"，是一个小而高度分化的种群。它们并不能被简单地看作海中恶霸，而是一群非常聪明的动物。B1型虎鲸会用一种神乎其技的技巧来捕杀在浮冰上休息的年轻威德尔海豹，这种技巧被称为造浪冲刷。

首先，虎鲸会把吻部和头伸出水面，这种行为被称为"浮窥"。这时，虎鲸不仅会观察威德尔海豹是否在冰面上休憩，还会观察它是否少不经事，爬上了那些更容易被掀翻或被撞碎的脆弱浮冰。观察结束后，虎鲸会消失在水面下大约半分钟。人们推测，在此期间虎鲸是在水下呼唤小群中的其他同伴。不久之后，这群虎鲸会悉数浮出水面，并再次开始浮窥。在这次浮窥中，虎鲸似乎会研究多大的潜泳深度和速度可以掀起大小合适的浪花。在几次试错之后，虎鲸会排成一列，队列最多由7头虎鲸组成。这群虎鲸一起游到距离冰面30米开外的地方，随即突然掉转方向，全速向威德尔海豹休息的那块浮冰冲刺。在冲刺期间，它们会紧密地并列成一

（右）
这一次，虎鲸的造浪冲刷技巧没有完全奏效。但这时，这只威德尔海豹已经被困在浮冰边缘的狭窄断层上。虎鲸正在四处游走，寻找能把这只威德尔海豹从冰面上弄下来的办法。

排，尾叶也会同步拍打，这样它们头部的前方便会形成一个小波浪，尾部上方形成波谷，而在拍打的尾叶处则会形成第二波更大的浪。

在浮冰边缘，虎鲸最后一次发力，掀起约1米高的浪花，并将目标冲入水中。而在冰面下，虎鲸齐齐向一侧倾斜，以防止背鳍被冰面挂住，而后它们沿着原路返回，并在水中抓住威德尔海豹。

年轻的虎鲸从族群中的前辈那里学到这种捕猎方式，并花费很多年的时间来完善。不仅如此，虎鲸群中的雌性头领也会教它们当浮冰太大，无法成功施展这一技巧时，它们应该怎么做。在大浮冰底下虎鲸协同制造一个大浪可以把它打碎。如果在虎鲸的捕猎路线上有太多的拦路冰块，它们可以轻轻地推开带有威德尔海豹的那块冰，这样就清理出了一条不受阻碍的捕猎通道。如果这块载着威德尔海豹的冰卡在原地，虎鲸就会用自己的头顶翻这块浮冰，让威德尔海豹落到水中。

这些海洋哺乳动物显然是聪明的猎手，成年雌性虎鲸是最精于捕猎的老手，幼年虎鲸则对捕猎报以十二万分的热情。但值得注意的是，成年雄性虎鲸不会参加这项捕猎活动。由于成年雄性虎鲸的背鳍非常高大，它们并不是很好的造浪者，因此它们往往在行动的外围等待雌性虎鲸的投喂。这些雌性虎鲸能够制订复杂的狩猎策略，然后把经验传授给下一代。这群虎鲸运用的狩猎技术在整个地球上都独一无二。

虎鲸：全都冲下水

▼ 这群虎鲸正朝一只在浮冰上小憩的威德尔海豹游去。这块浮冰很可能相当脆弱，不仅足以让虎鲸把它撞碎，而且很容易让虎鲸将这只可怜的威德尔海豹从它上面冲刷下来。

　　造浪冲刷这种捕猎方式会遇到一个很大的问题，那就是它完全依赖于浮冰的存在，因为威德尔海豹会在浮冰上休息。但目前极地地区正在经历急速的变化，速度比世界上的所有其他区域都要快。美国国家冰雪数据中心的数据显示，尽管在2021年7月的南极海冰范围大于平均水平，但海冰的总面积依然呈现缩小的趋势。由这一趋势导致的连锁反应会使得这些南极动物不得不改变它们的日常行为，尤其是在冰量最少的夏季。接下来这一系列的变化，可能对于足智多谋的虎鲸来说是一场大考验。

　　首先，威德尔海豹的数量可能会变少。而对于B1型虎鲸来说，威德尔海豹是它们最主要的猎物。在根据多年累积的卫星图像对威德尔海豹数量进行第一次全球范围的统计后，科学家于2021年9月公布了这次统计的

结果。在这次统计中，科学家发现南极洲有20.2万只威德尔海豹亚成体和成年雌性威德尔海豹（拍摄卫星图像时，雄性威德尔海豹正在冰下保卫领土）。而根据此前对威德尔海豹种群数量的估算，全球大约有80万只雌性威德尔海豹。这两次统计的差异一方面可能是由于现在的计数方法更加精确；另一方面也可能意味着这个物种正在经历一次重大的波折，而这很有可能是因为浮冰数量的减少。

威德尔海豹偏爱在浮冰上养育幼崽，所以当浮冰从它们活动的北部消失，威德尔海豹也许就会迁往更南边。虎鲸对活动区域也有特殊偏好，它们更喜欢近岸水域，比如靠近南极半岛西海岸的阿德莱德岛附近的水域，那里的冰层拥塞在岛屿和大陆之间。在那里，即便是在夏季浮冰也依然存在，风会将这些浮冰吹散，形成更小的浮冰。而威德尔海豹就会在这些小浮冰上活动。这些浮冰的大小必须恰到好处，虎鲸才能施展造浪冲刷的技巧。如果气候变暖阻止了浮冰的形成，威德尔海豹就会改变它们的活动区域，虎鲸也必须前往更南边捕猎。有人曾经在阿德莱德岛以北150千米的地方目击到虎鲸活动，但随着冰层状况的不断变化，它们不会再造访此处。

其次，如果围绕浮冰构建的生态系统的动态平衡逐渐瓦解，那么最终海豹就不会再选择冰面作为栖息地。已经有许多报告指出，在夏季，威德尔海豹有了新的栖息地。如今，它们更倾向于在海滩和岩石岸边休息，而非选择不断缩小的浮冰。这样的变化可能会给虎鲸带来严重的后果。

如今，对于虎鲸来说，一种可行的觅食方案是选择替补猎物。虎鲸也能以南极最常见的海豹——锯齿海豹为食。锯齿海豹也会在较小的浮冰上活动。早期的人类观察显示，虎鲸也会利用造浪冲刷来对付锯齿海豹。但相较而言，锯齿海豹更凶猛好斗，很可能在捕猎过程中反过来伤到虎鲸。锯齿海豹会龇着牙，做出威胁性的姿势恐吓捕食者。它们可以利用自己强壮的鳍状肢向前行进，游泳速度比威德尔海豹更快，动作也更灵活；它们以自己有力的鳍状肢作为动力，不仅可以在冰面上快速移动，在海里也能比虎鲸游得更快，人们亲眼看见过锯齿海豹有此类壮举。

如果一只锯齿海豹被造浪冲刷卷入水中，它依然能从近在咫尺的虎鲸利齿前逃脱。虎鲸是海豚科中体形最大、游泳速度最快的，它们会紧紧跟随在急转突进的锯齿海豹身后。最终，锯齿海豹会像鱼雷一般出水，落在另一块更大的浮冰上，这场追逐宣告终结。这是一场奇迹般的脱逃。而与此同时，虎鲸则会在这次失败的捕猎中浪费宝贵的体能。因而对于虎鲸来说，锯齿海豹并非理想的猎物，尽管它们的数量相当庞大——锯齿海豹可能是地球上数量最多的大型海洋哺乳动物。

与锯齿海豹相比，威德尔海豹的鳍状肢力量较弱，因而游泳速度较慢，在陆地上它们也更倾向于利用整个身体的起伏向前蠕动；它们看上去更天真平和，对于来自虎鲸等捕食者的威胁也感知较慢。

这可能就是虎鲸选择捕猎威德尔海豹而非其他海豹作为食物的原因：威德尔海豹更容易被捕获。

虎鲸的另一种觅食方案是捕食豹形海豹（又叫豹海豹）。作为海豹中的顶级捕食者，豹形海豹可能会愚蠢地认为自己是不可战胜的，然而事实并非如此。一小群虎鲸会盯上一块大浮冰上的豹形海豹，虎鲸掀起波浪，将浮冰打成几块大小不等的小浮冰，而那只豹形海豹留在了最小的那块浮冰

▲ 尽管锯齿海豹也被称为食蟹海豹，但锯齿海豹并不以螃蟹为食。它们的牙齿形状特殊，可以从水中筛出磷虾。由于游速快，性格凶猛，它们不太可能成为虎鲸的猎物，但它们的幼崽容易受到豹形海豹的攻击。

上，对于这只豹形海豹来说这是个糟糕的错误。等到它被浪花卷下冰面，落入大海，此时再醒悟为时晚矣，等待它的只有悲惨的结局。

但在更远的未来，虎鲸的狩猎选择会更少。不论是锯齿海豹还是豹形海豹，它们可能都不会再有浮冰可以用来休息，因此它们可能会一同前往陆地。目前，这两种海豹已经开始向陆地迁徙。海面上不再有浮冰的话，虎鲸必须改变它们的狩猎行为，否则就会步渡渡鸟的后尘，走向灭亡。科学家已经注意到了威德尔海中形容憔悴的B1型虎鲸，这些造浪冲刷者已经转而以开放水域中的象海豹、小须鲸和锯齿海豹为食。它们也许正在适应这一环境变化，但它们依然更喜爱冰面上的威德尔海豹。对于食性已经变得非常专一的虎鲸来说，改变食谱是个相当大的难题。

拍摄手记

南极半岛

　　为了拍摄B1型虎鲸，摄制组必须首先到达南极半岛附近的偏远地点，然后找到这些虎鲸。从马尔维纳斯群岛（英国称福克兰群岛）出发后，摄制组遇到的第一个障碍是德雷克海峡。德雷克海峡是一片位于南美洲南端和南极半岛之间的水域，它可能是南大洋风暴最猛烈的区域之一。摄制组并没有乘坐豪华游轮，而是与船长戴恩·庞塞特一起乘坐金羊毛号。金羊毛号是一艘船身较小的机动游艇，其钢质船身可以进入浮冰群中。在公海上航行时，

▲ 金羊毛号在南极半岛西海岸的零星浮冰之间缓缓前行，摄制组正在搜寻浮冰间虎鲸的踪迹。

　　船上的摄制组成员常把穿越1200米宽的湍流的过程说成"待在洗衣机里"。在持续的颠簸中，整个摄制组的成员都在晕船，这种晕眩持续了整整一路。野生动物摄影师伯蒂·格雷戈里将这段经历比作"我所经历过的最糟糕的宿醉"。但是，当摄制组到达南极半岛时，海面平静得就像一片宁静的池塘，晕船的反胃感恍若隔世，对虎鲸的搜寻工作就此开始。

　　圣安德鲁斯大学海洋哺乳动物研究组的鲸类科学家利·希克莫特担任这次任务的向导。他透露，B1型虎鲸的种群由不到100个个体组成，所以对于摄制组来说，要在一片面积超过1万平方千米的水域找到在此巡游的虎鲸群并不容易。在一个月前，摄制组被告知这里有人目击到了虎鲸出没，于是摄制组便前往该地区，开始了肉眼搜寻。在整整3个昼夜里，摄制组一直监视着冰雪覆盖的海面。最终，他们有了收获：虎鲸就在船下的水中游来游去。现在该拿出摄影机了。

▲ 刚性充气船上的摄制
组成员观察着水下的
一举一动。

伯蒂·格雷戈里启动了他的无人机，以拍摄虎鲸行动的俯视画面。野生动物摄影师杰米·麦克弗森则在其中一艘小型刚性充气船上，将陀螺仪稳定摄影系统安装在一个不太稳固的摇臂上。

"利用这些设备，我们可以更贴近水面来拍摄，"杰米说，"还能近距离在虎鲸身边拍摄，不像过去我们只能在母船的甲板上拍摄水里的情形。"

然而，摄制组与虎鲸的第一次接触似乎有些太近了。3头幼鲸直奔充气船而来，它们身后还跟着一头成年虎鲸。这头成年虎鲸的体形是充气船的大约1.5倍，当时它距离船体仅不到1米，那真是千钧一发的紧张时刻。

"我当时确实感觉我正在被这头成年虎鲸仔细打量，"导演马克·布朗洛说，"这真的吓人极了。"

然而，比起和虎鲸对峙，更令人不安的是这片区域正在发生的气候变化和这

▲ 无人机正在空中追踪
拍摄一场海上狩猎。

种变化对B1型虎鲸种群的影响。马克和拍摄造浪冲刷的摄制组亲身感受到了这种
变化和它所带来的影响。

"当我们在南极半岛附近时，天气变得非常糟糕。过去，南极半岛以风和日
丽、碧空万里著名，但现在，这样的好天气却不那么常见了，这片区域的积雪和
冰原也在明显减少。"

这种气候变化也影响了威德尔海豹的行为，利·希克莫特逐渐意识到了这点。

"这真是一个残酷的讽刺：在拍摄期间我们发现最大的威德尔海豹种群栖息
在海滩上，而不是在浮冰上。这意味着虎鲸无法捕食到它们。我认为，我们所面
临的气候变化已经到了攸关时刻。这并不是言过其实，这群虎鲸很可能已经受到
了气候变化的影响。而当我们彻底失去南极半岛的浮冰环境时，这种拥有地球上
最复杂的捕食策略之一的捕食者也将会随之消失。"

雪的居所

在南极洲以外的世界中，山脉和其他高海拔地形都是地球冰雪圈的一部分。在这里，决定气候、植被和动物生存能力的是它们所在的海拔而不是纬度。海拔越高，温度就越低，这样一直往上，就会发现一条可以分隔开低处无雪区域和高处有雪区域的关键分割线，这条分割线就是雪线。雪线的高度在世界各地都有所不同：它所在的位置随着纬度的增加而变低。例如：靠近赤道的山脉的雪线在海拔4500米左右；而在北极圈内的挪威斯瓦尔巴群岛，雪线位置则低得多，只有海拔300~600米。雪线的位置也会随季节而变化，夏季位置较高，冬季位置较低。

世界上最壮观的雪山大概是这片将亚洲一分为二的山脉——兴都库什-喀喇昆仑-喜马拉雅（HKKH）山脉群，这里的雪线平均在海拔4500~5000米。世界上最高的两座山峰就在这片山脉中：一座是珠穆朗玛峰，海拔8848.86米，在这里有许多登山者列队登顶；另一座是有致命危险的乔戈里峰，海拔8611米，在这里却没有太多的登山者。珠穆朗玛峰又被称为"世界第三极"，山顶常年被积雪覆盖，因此这里的冰和雪比极地

以外的任何地方都要多；在藏语中，喜马拉雅意为"冰雪之乡"。

　　喜马拉雅山分隔了北部的青藏高原和南部的印度次大陆平原。喜马拉雅山有50多座超过7000米的连绵起伏的山峰，还有15000多座现代冰川。喜马拉雅山以西的喀喇昆仑山绵延400千米，横跨中国、印度和巴基斯坦的边境，并延伸到阿富汗和塔吉克斯坦。喀喇昆仑山有世界上最长的4座冰川，其中的费琴科冰川是在极地世界以外世界上最长的冰川系统。兴都库什山脉是一座约1000千米长的山脉，东起帕米尔高原，向西南经巴基斯坦延伸至阿富汗境内。它最高的山峰是蒂里奇米尔峰，海拔7690米，是喀喇昆仑–喜马拉雅山之外的世界最高峰。

　　人们可能难以想象这3座山脉的重要性。除了景色壮丽、攀登起来富有挑战性之外，这3座山脉在地质和气候方面都具有重要的作用。这3座山脉位于一片地质活跃区，在这里南亚次大陆向中亚腹地挤压，形成了这片世界上最年轻的主要山系。在大约4000万年前，这片山脉群逐渐从平地升起时，它们可能是当时的全球气候改变的主因。

▲ 在1月，月光从背后点亮了夜色中尼泊尔境内的喜马拉雅山的安纳布尔纳南峰和安纳布尔纳方峰。

在山脉形成的过程中，裸露的石灰岩被富含二氧化碳的大气层所风化，这有效地去除了空气中的温室气体，导致气候变冷，引起了一系列冰期的出现。直到今天，这片山脉群中的冰川仍能作为气候变化的风向标，人们可以观察到冰川随着温度和降水的长期变化而前进或后退。

　　这片山脉群的冰川也是许多人的重要水源。冰川融化产生的水和雨水径流一起形成了10条主要的河流，包括印度河与恒河，这些河流为生活在下游、占据全世界人口总量1/4以上的人提供饮用水，并保证粮食生产。同时，这片山脉群也是一片天然屏障，阻挡了来自印度洋的潮湿季风继续北上，随之形成的干燥条件是中亚戈壁沙漠和蒙古草原等地貌形成的部分原因。

不爽猫

蒙古草原上严寒彻骨，它位于欧亚大陆草原的最东边，是一片气候十分极端的土地。在冬季，这里的天气异常寒冷，气温可降至零下30℃，甚至更低；而到了夏季，气候则相当温暖，温度为20℃左右。自西伯利亚会吹来降雪，但即便如此，蒙古草原上依旧非常干燥，气候学家称之为"半干旱气候"。形成这种气候的主要原因，是蒙古草原靠近一个冰冷又干燥的大型气团。这个气团被称为"西伯利亚高压"，其中心位于蒙古草原北部的贝加尔湖。在这里生活的动物必须在能够战胜冬季严寒的同时，又能在夏季的高温下生存。兔狲就是生活在蒙古草原上的一种特殊的草原动物。大多数见过兔狲的人都会认同，这种动物才是如假包换的"不爽猫"。

▼ 兔狲栖息在平地草原、沙漠和岩石山地的草原与灌木丛中。人们也可以在高海拔地区，甚至喜马拉雅山上发现它们的踪迹。兔狲的最高海拔活动纪录是海拔5593米，地点在尼泊尔境内的希－佛克桑多国家公园。

　　兔狲体形比家猫略大，永远皱着眉头，耳朵扁平，神态看起来像是肩负着整个世界的重量。兔狲的毛十分浓密，毛的颜色能轻易与草或是灌木丛融为一体，这是兔狲的一种保护色。并且，由于兔狲的耳朵不像其他大多数猫那样保持直立，不会暴露它们所在的位置，所以兔狲能悄悄地从巨石或者灌木丛的后面或上面窥探。

　　然而问题在于，在兔狲活动的区域里往往遮蔽物有限。这使得它们很难悄悄接近猎物，同时也没有什么地方可以让它们避开其他捕食者，尤其是老鹰的视线。老鹰可以不费吹灰之力就掳走一只小兔狲。而尽管如此，在视野条件最佳的时刻，兔狲的猎物和天敌也很难发现它们。它们是穿行在灰色山岩间的灰色的猫，身处一片广袤的灰色世界。

拍摄手记

蒙古草原

导演萨拉·蒂特科姆和摄影师皮特·凯利斯最终选择在冬季拍摄兔狲，这与大部分人的想法背道而驰，因为当时草原的地面上还有积雪。

"专家告诉我们不要在冬季来，因为这些兔狲不会像在繁殖季里那样四处活动，在冬季，它们一直生活在洞穴里，所以我们很难在辽阔的草原上找到它们，但我们有"秘密武器"：来自蒙古科学院的研究员兼摄影师奥特根巴雅尔·巴塔格尔和他的妻子布亚娜。在行驶了10小时后，我们到达了哈尔赞村，在一顶传统蒙古包里安营扎寨，随后奥特根巴雅尔把我们带到了一个小山顶。大约1.6千米外有一堆不起眼的岩石，这也是方圆几千米内唯一的一堆。奥特根巴雅尔架起他的望远镜，打开他的露营椅并坐下，眼睛贴上了望远镜的目镜。仅仅几秒后，他就招手让我们过去看一看。透过望远镜和草原上弥漫的雾，我看到一个灰色的小圆球在视野中移动，那是一只兔狲，我们在第一天就见到了兔狲！

"当时草原上下了雪，即使兔狲长着厚重又保暖的毛，它们也会尽可能地节省能量。此外，兔狲真的很厌恶在积雪中行走。在我们观察这只兔狲的时候，奥特根巴雅尔惊讶地发现有第二只兔狲在岩石边活动，随后他发现了第三只。兔狲一般都是独居，这景象史无前例。奥特根巴雅尔从来没有见过很多兔狲在冬季里居住在同一个地方。这些兔狲可能是这个夏季在这一堆岩石里出生的兄弟姐妹。这些兔狲似乎互相认识，但如果一只太靠近另一只，前者就会收获不悦的拍打和愤怒的咝咝声。

"兔狲只有在日头高挂，能让它们晒太阳的时候才出现。它们会花上一天中的大部分时间来梳理它们令人印象深刻的毛，好让这些毛处于最佳状态，它们也会在

▲ 在拍摄兔狲期间，摄制组的大本营设在草原上的一顶传统蒙古包里。

▲ 摄像机隐蔽地架设在一个狭窄的箱子里。皮特·凯利斯每天也待在这个箱子里，裹着厚实的羽绒被，耐心地等待兔狲出现。

这期间晒太阳和睡觉。兔狲会特别留意它们的大尾巴，总是确保自己已经把尾巴卷在了身下，这样它们的爪子就不会接触到冰冷的岩石或地面。很明显，兔狲们都饿了。寒冷的天气正在吞噬它们在秋季积累的脂肪储备。兔狲从休息模式切换到狩猎模式的速度快得令人印象深刻：前一分钟它们还在睡觉，但后一分钟它们就都跑到了草原上。

"兔狲主要吃啮齿动物。布氏田鼠、达乌尔黄鼠和无斑短尾仓鼠是兔狲最常捕食的对象，它们会使用各种技巧来捕捉。有时兔狲会蜷缩起来，慢慢地跟踪在猎物身后，然后暴起冲刺；有时它们会以一种咯噔咯噔的、像机器人一样的步伐走几步，逐步靠近猎物，随后快速冲刺，在猎物逃跑前将其拦截住；有时它们则坐在啮齿动物的洞穴前守株待兔，伏击毫无防备的猎物。我们还不太清楚兔狲是怎样针对每次捕猎选择捕猎技巧的。

"虽然冬季的草原在大部分时间里天气都晴朗而寒冷，但也可能会刮起刺骨的强风，这股风会刮起地上干燥的雪粒，刺痛你的脸。这就像在多风的海滩上散步一样，我从来没有在如此寒冷和干燥的环境里待过。草原上的空气非常干燥，以至于空气中的所有水分都已冻结成飘浮在半空中的美丽冰花，每次吸气时，鼻子都会因为干冷而刺痛。当我们从温暖的汽车里来到冰冷的环境中后，经常会流鼻血。

"虽然我们已经做好了万全准备，但我们忽略了一件重要的事情，那就是午饭。第一天，我们每人都拿到了一碗热气腾腾的午饭，上面盖着铝箔，但哪怕我们把午饭放在暖手器旁边，午饭依然会结冰。每次拍摄，我们都要坐十几小时，观察并等待兔狲出现。为了保暖，我们会穿好几件羽绒服。在一个特别寒冷的早晨，我的脚冷得不行，像是变成了树桩子，已经完全失去了知觉。拍摄结束后的两个月里，我的几根脚趾依然没有知觉。那里真是太冷了！"

针叶林里的大猫

▶ 在春季，东北虎的毛会
变得更粗糙，身体上的
条纹图案会变得更明
显。当树林和灌木重新
挂满叶子，这些大猫将
再次与森林融为一体。

东西伯利亚针叶林位于蒙古草原的北部。这片针叶林规模庞大，是北方大森林，即北方针叶林的一部分。北方针叶林是世界上最大的森林，横跨三大洲，即欧洲、亚洲和北美洲，共10个时区。与冰雪圈中的其他地方一样，北方针叶林的气候也很严酷。在这里，冬季漫长而寒冷，夏季则十分短暂，并且温暖而潮湿，到处都是蚊子。但这里的春秋季短暂到令人怀疑它们究竟是否存在，一年中除此以外的其他时间，尤其是冬季，都给野生动物带来巨大的考验。在漫长的副北极带的冬季，气温远远低于冰点，森林最北端的区域会出现独特的针叶林冰冻景观——雾凇。此时，针叶树上面布满了雾凇和雪。雾凇是由过冷水滴形成的，由于这些水滴没有凝结核，在零下40℃时仍可以保持液态，但当它们碰到树等障碍物时就会冻结起来形成凇。在雾凇形成处的更南方，生活着一种非常奇特的大猫。

很少有其他动物能比东北虎（又称西伯利亚虎）更加体现出针叶林的原始之美。东北虎是老虎中最强壮的亚种，也是体形最大的猫科动物。成年雄性东北虎的身体长约2米，平均体重为190千克（另一种说法是，东北虎平均体长2.8米，平均体重350千克），但也有记录显示，有的雄性东北虎个体的体重能达到350千克，身长足足3.3米。东北虎的冬毛与它在南方的表亲相比，显得更厚、更白，而且看起来更蓬松。东北虎的脖子上有厚厚的鬃毛，在背部、腹部和爪子上也有额外的毛，这些都是为适应寒冷的气候而生的。东北虎的黑色条纹比其他老虎少，但和其他老虎一样，每头东北虎身上的花纹都是独一无二的，世界上不存在两头一模一样的老虎。

▼ 东北虎冬季的皮毛似
乎可以与冬季的雪景
融为一体。东北虎的
毛很长，腹部的毛蓬
松浓密，也十分柔软。

东北虎主要生活在俄罗斯的远东地区，在那里，一头成年雌性东北虎需要250~450平方千米的领地（另一种说法是，东北虎需要3000~4200平方千米的活动区域，猎食区域则为500~900平方千米），因此，年轻的东北虎在踏上独自生活的道

▲ 一只亚洲黑熊在树干上留下了它的气味以标记领地。但树上的其他气味表明这里有危险：此地有猛虎出没！

路后，必须进行远距离的跋涉以找到新家。它们有时要行进200千米以上才能找到一片无主的领地。幸运的是，在北方的大陆，由于人口密度低，东北虎不必为生存空间担忧。每头东北虎都用气味标记地盘，并且领地意识十分强。东北虎在捕猎时会隐蔽自身，它们会在发动致命袭击前悄悄接近猎物，随即猛扑，再咬住猎物的脖子。

体形如此巨大的动物每天都要吃掉相当多的肉，而食肉量取决于季节。在冬季，东北虎每隔5~6天就会猎杀一次动物，一次捕猎后就能吃掉10千克肉。在夏季，由于不需要御寒，东北虎的捕猎频率会下降到每7天一次，每次大约吃掉8千克肉。总的来说，这相当于东北虎每年都要吃掉50~70只鹿和其他大型哺乳动物，如野猪。有时，它们甚至会捕猎与它们共同生活在森林中的亚洲黑熊。

已经有记录表明，在冬季东北虎也会攻击并捕猎正在冬眠的亚洲黑熊。在东北虎生活的北部地区，亚洲黑熊早在10月就进入冬眠状态，直到第二年5月底才离开巢穴。当其他食物匮乏时，亚洲黑熊就成了东北虎唾手可得的猎物。许多亚洲黑熊会在空心树里筑窝，比如棉白杨树。由于亚洲黑熊善于攀爬，因此即使它们被困在空心树的内部，东北虎也很难抓住它们。许多亚洲黑熊也会选择洞穴或在岩石下方

▲ 在同一棵树上，东北虎若嗅到亚洲黑熊的气味，就会猎杀它。

和连根栽倒的树下筑窝，或自己动手挖掘出一个土穴。这些土穴有时位于干涸的平坦河床上。如果这些土穴的入口足够大，东北虎就能抓住其中的亚洲黑熊。

东北虎和亚洲黑熊的生存都受到非法捕猎的威胁，因为它们身上有些部分是传统的中药材。在世界自然保护联盟（又称国际自然与自然资源保护同盟）名录里，东北虎被列为"濒危"，亚洲黑熊则是"易危"。近年来，对这两种动物的偷猎现象已经减少，但这仍然威胁着它们的生存。目前在俄罗斯东部生活着700多头野生东北虎，在中国和朝鲜也有少量东北虎生存，偶尔它们的活动范围还会更大。

2021年10月，一头雄性东北虎的爪印在雅库特被发现。雅库特是世界上最冷的人类居住区之一，比东北虎通常的活动范围还要往北1300多千米，这可能是东北虎数量正在恢复的佐证。也许这头雄性东北虎是被迫到其他地方寻找领地的。这是人们第二次在该地区发现奇怪的不速之客。同年5月，一头迷路的北极熊从北冰洋向南跋涉了3000多千米，并且在西伯利亚北部的工业城市诺里尔斯克徘徊。它出现的地方在这头旅行的东北虎的北边，二者相距仅480千米远。

▼ 麝牛群倾向于直面危险，
对来犯者竖起铜墙铁壁般
的牛角，而麝牛群中的年
幼成员就可以安全地躲在
这堵牛角墙之后。

冻原上的移动堡垒

　　这片环绕着世界之巅的土地就是冻原。冻原上实在太过寒冷了。在这里，树木无法生长，也不存在任何避风港，好让动物们躲避无情的风暴和深冬时节零下40℃的低温。然而即便是在这里，生命也能顽强地成长，但这里的生命必须对寒冷有极佳的适应力。麝牛就是这样一种对冻原适应良好的动物。麝牛是一种哺乳动物，生活在北极地区，相比与牛的亲缘关系，麝牛与绵羊、山羊的关系更密切，我们把这类动物称为羊亚科动物。麝牛并不是大型动物，它们的肩高为110~145厘米，角大而弯曲，有着宽阔的角座，令人印象深刻。当受到威胁时，麝牛们会紧密地聚集在一起，仿佛围成一圈的马车阵列，一致团结对外。此时，麝牛群中的牛犊躲在圈中央，所有成年麝牛的角都朝外。在这样的阵列里，只要没有麝牛惊惶逃跑，麝牛们的临时堡垒就坚不可摧。

　　麝牛看起来也比它们的实际体形要大得多，因为它们有长而厚的被毛——被毛几乎垂到地面，就像裙子一样。麝牛身上还有着浓密的底绒，在夏季换毛时，北方因纽特人会把这种底绒小心翼翼地收集起来，他们特地给这种毛起了个名字，叫"Qiviut"。据说这种毛比羊毛的品质要好，因此它也被称为"北地珍毛（cashmere of the north）"。这种毛比绵羊毛要暖和得多，而且质地非常柔软轻盈。1盎司（约28.35克）含有80%麝牛绒的纱线价格高达80英镑，大约是羊绒价格的两倍。这些毛大部分是从半驯化的麝牛身上采集的。

▲（左）
所有这些新出生的牛犊大致在同一时间出生，因此它们今后会处于一致的发育阶段。

（右）
牛犊非常脆弱，它们靠母亲提供食物，靠麝牛群提供保护，并且它们在出生之后不久就必须站起来以逃离危险。

在野外，麝牛以小群的形式在冻原上漫游。夏季它们会被河谷吸引，因为那里生长着营养丰富的草本植物；到了冬季，它们就会迁移到较高的冻原上以避开深雪。麝牛群遵循一个明显的等级制度，尤其是在冬季：只要有成片的草，年长的麝牛就会挤开年轻的麝牛先吃。在冬季，麝牛会以从雪下挖出的北极柳和地衣为主食。

曾几何时，麝牛在北极冻原的大部分地区自由漫步，但在大约两万年前的间冰期，世界变暖，它们的活动范围受到限制。在最近的一个冰期结束后，人类猎手将剩余的大部分麝牛赶尽杀绝。因此，最终麝牛只能在格陵兰岛和加拿大北极地区的偏远野外生活。最近，人们将麝牛重新引进至阿拉斯加、西伯利亚和挪威，有一小部分被引进瑞典北部。在麝牛的大部分分布区域里，它们的主要天敌是狼，但在加拿大的北极地区，还有一种食肉动物可以对麝牛群构成威胁。

在麝牛群里，每个成员的生活相当同步，所有怀孕的雌性麝牛都会在几小时内相继分娩，好让每头牛犊都处于相同的发育阶段。牛犊在出生后的几

当猎物过剩时，棕熊的行为就变得像鸡窝里的狐狸，似乎是为了杀戮而杀戮。

分钟内就能站起来行走，但它们仍然步履蹒跚。从喂养到提供庇护，它们的一切都需要仰赖母亲。麝牛有厚厚的皮毛，可以抵御冻原上的严寒，但有一点是麝牛无法应对的：在这片地区，每年的这个时候雄性棕熊都会从它们冬眠的巢穴中重返冻原。在6个月未进食后，每头棕熊都饥肠辘辘。

棕熊的嗅觉非常灵敏，即便麝牛群中的头领麝牛身上并没有那股麝香般的气味，它们也可以很容易地捕捉到麝牛群的气味。麝牛正是由于身上奇特的麝香味而得名。棕熊可以以接近56千米/时的速度冲向麝牛群。在摄制组捕捉到的这次猎捕行动中，成年麝牛没有形成防御方阵，而是四散跑开了，它们的牛犊被遗弃在了身后。棕熊向第一头牛犊发起猛击，得手后它并没有坐下来享用猎物，而是开始追赶其他牛犊。棕熊就像闯进鸡窝里的狐狸，不分青红皂白地杀戮，一头又一头的牛犊被棕熊咬死了。整个麝牛群里只有一头牛犊幸存下来，但现在它离麝牛群已经有一段距离了，麝牛群中的成年麝牛并没有回过头来接它。这就是自然界弱肉强食的一刻，这也是冻原上最残酷的一幕。

嗅觉在母牛与牛犊的联系中起到
非常重要的作用。

匆匆忙忙的海豹

▲ 即使看到雌性冠海豹的幼崽只有4天大，雄性冠海豹还是将它的"帽子"充上了气。要么是这只雄性冠海豹想吓跑竞争对手，要么它是在试图吸引幼崽母亲的注意，不过在自己的幼崽断奶之前，雌性冠海豹都不会再接受任何雄性。

阿拉斯加、加拿大、格陵兰、挪威和俄罗斯的冻原地带与北冰洋相接，北冰洋位于这片冻原的北部。北冰洋是全世界唯一在冬季几乎会完全冻结的海洋，这里是一片四季更迭、浮冰漂流的冰雪世界，因此在这里生活的几种北极海豹，特别是那些聚集在冰层边缘繁殖的海豹必须快马加鞭，早日分娩并尽快让宝宝断奶。对于海豹来说，抓紧时间非常重要。尽管北极熊不太会在融化的冰面上出没，但在冰面开始解冻时，雌性海豹需要在浮冰破裂和融化之前完成育儿的整个过程。

繁殖速度最快的海豹之一是冠海豹。每年2月底到3月初的分娩期，怀孕的雌性冠海豹会爬到浮冰表面，生下一只幼崽。幼崽体长大约1米，因其背部长着蓝灰色毛发而被称为"蓝背海豹"。然而它们的母亲几乎见不到自己的幼崽，因为幼崽出生后3~5天就断奶了。冠海豹是哺乳动物中哺乳期最短的动物。幼崽每天需要喝下大约10升的母乳，母乳中的脂肪含量（质量分数）约为70%，是所有哺乳动物的乳汁中脂肪含量最高的，这种乳汁能使幼崽每天增重约7千克。

▲ 两只雄性冠海豹间的气氛剑拔弩张，它们都想第一个讨好一只等待交配的雌性冠海豹。

雌性冠海豹终会丢弃自己断奶的幼崽去自立门户，之后它们就又能交配了。雄性冠海豹一直跃跃欲试地等待着，每只都想抢占交配先机。但对于初出茅庐的青涩小伙来说，这并不是一件易事。

一只雄性冠海豹正在接近雌性冠海豹，但此刻又有另一只雄性冠海豹试图插队。这时候我们就会明白冠海豹名字的由来了。两只等待交配的雄性冠海豹会给自己头顶上的"帽子"充气，并展示给自己的竞争对手看。这种皮囊一样的"帽子"在松弛时会垂悬在雄性冠海豹的嘴前，但当雄性冠海豹给它充气时，它会膨胀成黑色的气球状。此时，雄性们还会发出"乒乒乓乓"的声音来吓退对手。如果对手没有退却的迹象，那这种声音就会升级成更激烈的吼叫。接下来双方的战斗会变得无比嘈杂，也相当血腥。

在交配权的竞争中，年轻的雄性冠海豹往往会被占领这块地盘的"冰面领主"赶走，但它们也会有幸运的时候。如果两只雄性冠海豹在浮冰之间以非比寻常的速度游泳，年轻的雄性冠海豹有时也会排除万难，成功甩掉比它年老的对手。要让雄性冠海豹赢得一只不情不愿的雌性冠海豹的芳心，可能就不那么容易了。是时候拿出撒手锏了。

在击退竞争对手后，雄性冠海豹会开始第二场表演。它们会在自己的鼻中隔里充满空气，让鼻中隔变成一只红色的鼻囊气球，从自己的一个鼻孔里探出来。雄性冠海豹的体

一只雄性冠海豹正在展示它的绝活：把自己的鼻中隔充气变成一只颜色鲜红的大气球。这对雌性冠海豹来说有着难以抗拒的魅力。

形大小和鼻中隔气球的大小，都是决定能否吸引雌性冠海豹的要素，而有魅力的雄性冠海豹也可能同时吸引不止一只雌性冠海豹。在繁殖期，占据支配地位的雄性能同时有好几只雌性配偶。冠海豹的交配在水中进行，胚胎会延迟着床，因此雌性冠海豹在怀孕大约一年后才会返回传统的繁殖地（或"产崽地"）再进行分娩。

在每年的其他时间里，冠海豹完全不具有社会性。冠海豹会随着浮冰面积的扩张和缩小沿着冰块的边缘向北或是向南迁徙。在冠海豹的栖息地，渔况一般都很好。在觅食时，冠海豹会下潜到很深的地方，深度通常达到100~600米，每次下潜都会持续15分钟左右。也有记录显示冠海豹可以下潜到1000米以下，并在水里停留更长的时间。通过这种方式，冠海豹可以避免与其他海豹，比如生活在同一地区的竖琴海豹竞争食物，因为竖琴海豹只在深度较浅处捕食。不过，这两种海豹的捕食和繁殖都非常依赖于海面上的浮冰，而随着天气变暖，在不久的将来，越来越多的时间里，浮冰的数量和面积都将无法保证海豹的繁衍生息。

▲ 一群弓头鲸在鄂霍次克海的浅水区进行社交活动。这些鲸是一个由大约50头鲸组成的大群体。

庞大却脆弱

在夏季，北冰洋的食物异常丰富，这吸引来了地球上最大的嘴巴。这些嘴巴属于弓头鲸（又称北极露脊鲸），弓头鲸是北极地区最大的动物。在春季，弓头鲸往往率先进入北冰洋水域，而那些较小的鲸类，如独角鲸和白鲸，则跟随在弓头鲸之后。弓头鲸的大脑袋占体长的1/4以上，可以冲破20多厘米厚的冰层，并且它们身上长着一层厚厚的鲸脂，可以用来保暖。弓头鲸的进食方式也与它们的长相相得益彰：弓头鲸的嘴能有一辆野营车那么大，是世界上所有动物中最大的，而且弓头鲸的梳状鲸须板是所有鲸中最长的。在夏季，弓头鲸进食时，会以4.8千米/时的速度滑行，每天从水里滤出约2吨食物，其中包括磷虾、桡足纲动物和小型鱼类。弓头鲸的寿命也特别长，这一发现的背后还藏着一段耐人寻味的故事。

2007年5月，一群因纽特猎人在阿拉斯加海岸用鱼叉捕获了一头弓头鲸。猎人们把这头鲸拖上岸肢解。在把鲸剖开后，猎人们在这头鲸的脖子上发现了另一柄年代更久远的鱼叉。捕鲸历史专家在检查这柄鱼叉后发现它是在1879—1885年制造的金属鱼叉。鱼叉的柄上有6道刻痕，可能是用来标记鱼叉的所属，这说明这柄鱼叉是由一名因纽特猎人，而非商业捕鲸团队投掷的。这也意味着这头鲸在第二次被鱼叉击中之前，已经在大海中漫游了大约120

年，而第二柄让它毙命的鱼叉可能就是由原来的猎人的后代所制作。通常，科学家们在计算鲸的寿命时，会分析它们眼睛里所含的氨基酸。据估计，鲸可以活到200岁甚至更久，这让它们成为地球上最长寿的哺乳动物。快到生命的尽头时，它们可能已经长到18米那么长了。

像许多北极动物一样，鲸也会进行长途迁徙。鲸迁徙的方向与冰缘随季节变化的方向同步，在春季它们向北迁徙，秋季则向南迁徙。但在鲸每年洄游中的某个时间点，一些鲸会沿着古老的路径来到加拿大的北极地区和俄罗斯东部海岸的浅水湾，在那里与其他同类社交。

弓头鲸来到浅水湾时，会以在河口和潮汐流处聚集的浮游生物为食。这里的水域有时只有3米深。不过，科学家们在观察中发现，这些鲸聚集到此处还会有一些不同寻常的举动：它们会进行一些类似"水疗日"的活动。弓头鲸会利用浅水区的礁石摩擦自己的身体，就像人类在水疗时用火山岩一样，来刮去自己身上的死皮和寄生虫。这些鲸很可能已经在这些礁石上刮擦几百年，甚至几千年了。

▼ 一头弓头鲸正在浅水湾用身体摩擦礁石，它可能是想通过这种方式去除身上的死皮和寄生虫。这块礁石可能已经这样被鲸摩擦了几个世纪。

摄制组及其乘坐的小船在体长18米的鲸面前显得如此微小。

（上）
3头弓头鲸正受到一小群虎鲸的威胁。但体形占优的弓头鲸利用它们强有力的尾巴和宽阔的尾鳍挫败了对手。

（下）
如果近距离观察的话，你会发现弓头鲸除了下颌的前半部分，其他部位都是黑色的。

但凡有这样的大群动物定期聚会的地方，肯定会有一些浑水摸鱼者，其中不乏一些危险的不速之客。在夏季，鄂霍次克海是整个西亚北极带北太平洋弓头鲸亚种群的度假地，在这片水域里，弓头鲸经常受到虎鲸的骚扰。一些前来捕猎弓头鲸的虎鲸小群个体数量可以达到9头之多。虎鲸的游泳速度比体形更大的弓头鲸要快32千米/时，它们的突然来访肯定会引起弓头鲸的极大警觉，尽管弓头鲸对此并不是完全没有防御能力：面对虎鲸的骚扰，弓头鲸可以挥动巨大有力的尾巴，把来犯者撞到海面上；此外，弓头鲸也可以突然加速，冲向相对安全的浅水湾，因为在浅水湾，虎鲸的活动空间较小。尽管弓头鲸对于虎鲸有种种防范手段，但面对凶残的虎鲸，弓头鲸仍然无处可藏。

在捕猎前，虎鲸会仔细打量它们的猎物。尽管在早先的资料里，有虎鲸群袭击长达10米的鲸的记载，但弓头鲸里较大的个体对虎鲸而言往往过于庞大，虎鲸无法将其拿下，攻击年幼或是体弱的个体对于虎鲸来说就成了更好的选择。因此，虎鲸群会锁定一头年幼的弓头鲸，然后对其进行追捕。虎鲸群就像是海洋中的狼群，会在追逐中逐渐消耗掉猎物的体力，同时它们也很执着。虎鲸会对弓头鲸进行惨无人道的持续攻击，它们会撞向弓头鲸的肋骨，试图用身体堵住弓头鲸的换气孔让它窒息，或是死死咬住弓头鲸的下巴，并把它拖入深水中。这样的攻击往往可以持续1小时以上，此时，筋疲力尽的弓头鲸就会沦为这场残酷围猎的战利品，在血腥弥漫的海中被虎鲸瓜分干净。

然而讽刺的是，尽管虎鲸是导致年幼弓头鲸死亡的主因，但气候变化会造成弓头鲸种群更大的伤亡。随着全球气候变暖，极地夏季的冰原逐渐减少，这改变了当地海洋生物的活动范围。例如，生活在加拿大沿海和楚科奇海的虎鲸正进一步北上。它们会冒着被困住的危险，在北极地区和亚北极带停留更长时间。这片水域过去被大片浮冰封锁住，但现在却融化成一片开放水域。这样的变化，对于北极地区食物网的影响是显而易见的，尤其是对当地资源的竞争。这种竞争，不仅存在于当地野生动物之间，也存在于野生动物与以海洋哺乳动物为食的当地人之间。由于这片水域季节性开放的时间变长，除了弓头鲸，当地的海豹、白鲸和独角鲸也越来越容易受到虎鲸的攻击。科学家和当地居民已经发现许多被冲上海岸的虎鲸吃剩下的鲸类的尸体，其数量是人们在过去从未观测到的。弓头鲸或许能活上几个世纪，但如今它们的栖息地正在迅速变化。对于弓头鲸来说，最大的问题是它们是否能跟上这种气候变化。

第2章
冰冻的海洋

在一个静谧的春日，斯瓦尔巴群岛上大片的浮冰碎裂成无数的小浮冰后融化。海洋的冰层规模从3月初开始缩小，到9月融化至最小。

北冰洋是一片被陆地包围的冰海，大致以北极为中心。北冰洋是世界四大洋中面积最小、平均水深最浅的海洋。北冰洋里水深不超过200米的大陆架占整个北冰洋面积的将近40%，但在莫洛伊海沟，最深处可达5607米（一说5527米）。莫洛伊海沟是一条位于挪威斯瓦尔巴群岛以西100千米的海沟，是北冰洋最深的部分。在隆冬时节，北冰洋会经历每天24小时的极夜；而在盛夏时节，每天则有24小时的日光。无论是在海浪之上还是在海浪之下，极夜与极昼对北极地区野生动物的生活都有着深刻的影响。因为随着季节的变化，影响动物生活的冰层也在发生变化。在冬

季，北冰洋有2/3以上的部分被海冰覆盖，虽然每年的实际情况不同，但一般而言，海冰的面积会随着季节的变化而扩大或缩小。海冰在冬末的3月冻结范围最广，而到了夏末的9月海冰就会融化、破裂，并缩小到一年中最小的面积。

　　北极地区冬季最冷月的平均气温为零下40~零下20℃，夏季则可以陡然升至0℃的"高温"。海水通常都会比水面上的空气要温暖。水中的热量会透过冰层向上传播，从而调节靠近冰面的气温，因此，北极盆地往往比南极洲要暖和一点。为了在这里生存，生命不仅必须适应极端的温度，包括冬季的严寒和夏季的相对高温，而且必须适应北冰洋的冰与水不断交替的多变环境。

滑冰的北极熊

处于世界极北地区的冰冻海洋是北极地区的标志，这里也是北极熊的家。在靠近斯瓦尔巴群岛的冰面上，一头年轻的雌性北极熊正准备去捕猎。这头雌性北极熊将在冰层的边缘徘徊，独自度过为期3个月的黑暗冬季。在这期间，北极熊会用一身厚厚的脂肪和双层厚毛保护自己不受寒冷的侵袭。北极熊身上的厚毛是中空的，这种毛可以帮助北极熊留存热量。有了这些"装备"，北极熊可以承受大自然的任何恶劣生存环境。而随着早春的太阳短暂地出现在地平线低处，北极地区的生存环境开始改善，北极熊也有了寻找食物的新机会。

在冰层下的水里栖息着海豹，它们是北极熊最常捕食的对象。海豹可以潜到水下90米处捕猎鱼类和乌贼，但在屏气潜水45分钟后，它们必须浮出水面呼吸。海豹会在冰面上凿出孔洞或裂隙，但海豹一旦暴露在冰面上，无论停留的时间多么短暂，北极熊都会知道有海豹正在利用这个换气孔。于是，北极熊会逆风而行，一路上都会用它们那灵敏的鼻子来探测空气中不同气流带来的气味。这种捕猎技巧只能在风速较低时发挥作用，尤其在冬季漫长的黑夜。而到了春季，北极熊也可以用它们的眼睛来观察。此刻，一头年轻的北极熊正逐渐接近冰面上的某处洞口。它靠近冰面仔细嗅冰上的积雪，据说北极熊甚至可以嗅到冰面下海豹的气味。接着，这头北极熊突然停下来，紧盯着前方，并尽可能地放轻自己的脚步，缓缓地往前走。随后，它突然向前猛冲，两次跃入洞口并下潜，短暂地消失在水面下。最后一次露出水面时，它带着一只海豹，然后慢条斯理地把这只海豹

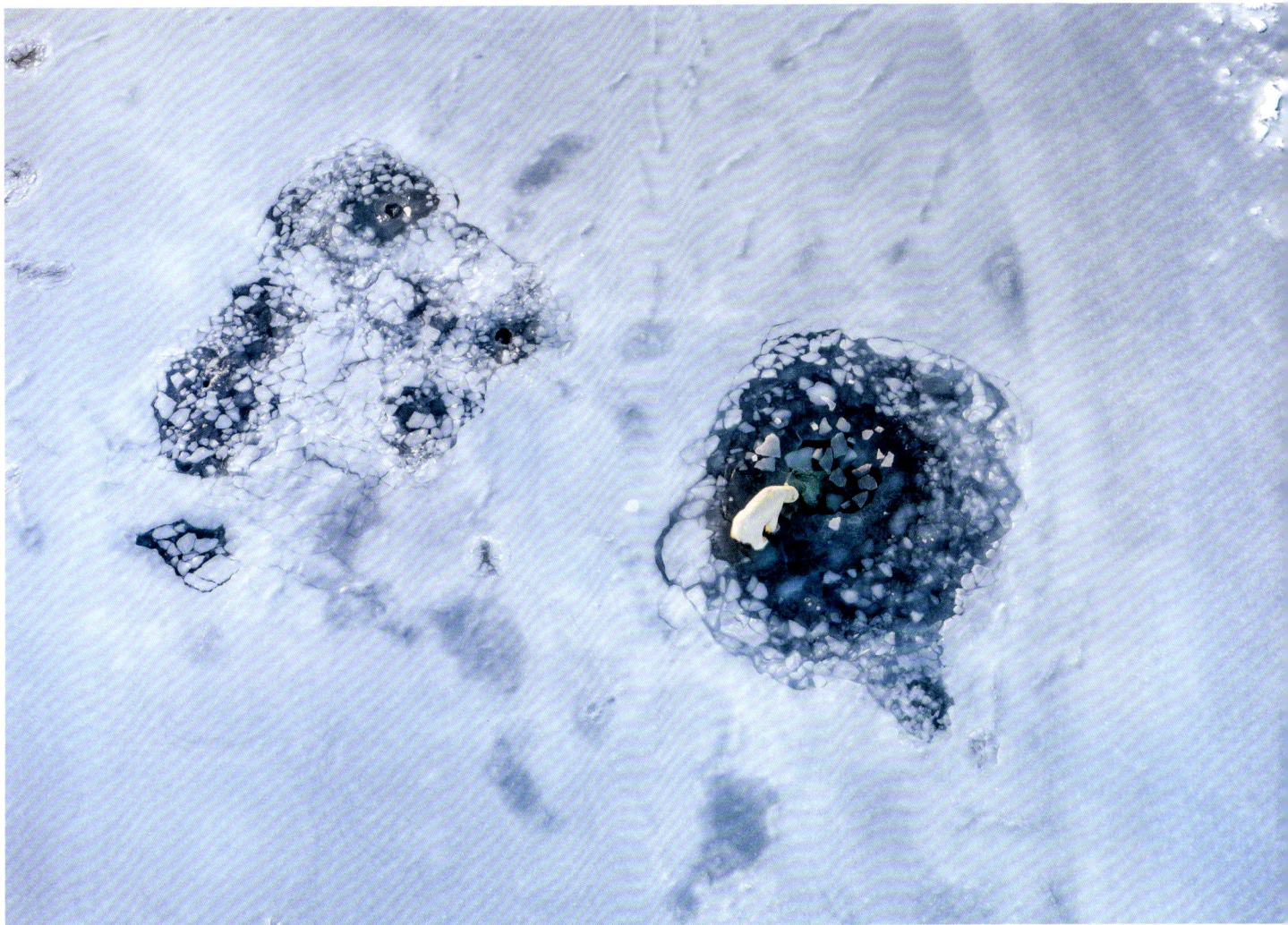

▲ 在躲猫猫的游戏中，其中一头北极熊在海冰上的两个洞口之间游动，而另一头北极熊则从冰面上向下看。

◀ 两头北极熊找到了一片没有积雪的平滑海冰，开始在冰面上滑冰。

吃干净，甚至没有留下一点儿残渣。

当然，现实中的情况并不总是这样。每次捕猎，北极熊只有大约10%的概率能捕获猎物。所以，当一头雄性北极熊向雌性北极熊靠近时，这头雌性北极熊决定保卫它还没有吃完的食物。雄性北极熊往往比雌性北极熊体形更大，力气也更大，但这头雄性北极熊并没有大多少，这将是一场势均力敌的战斗。但是，这两头北极熊接下来的举动令人大跌眼镜：在短暂的推搡和争吵之后，它们开始玩耍。其中一头跟随着另一头走到一片薄冰区，在冰上的两个洞之间玩起了躲猫猫的游戏，然后两头北极熊开始滑冰。是的，你没有看错，这两头年轻的北极熊正在冰上翩翩起舞。

在一起玩耍3小时后，两头北极熊就此分道扬镳，再次回归它们各自的孤独生活。摄制组拍摄下了这两头北极熊非同寻常的玩耍一幕。

北极海冰

海冰是北极熊赖以生存的地方，根据季节变化，北极地区的海冰以两种形式存在。一种是厚度较薄的"一年冰"。这种冰在冬季形成，并在温暖的季节里融化。而另一种"多年冰"（至少经过两个夏季而未融尽的海冰）就不会在夏季融化，因此它会逐年变厚。与由淡水组成的冰原和冰川不同，海冰是冻结的海水。然而，海水中的盐并不会被冻结起来。在海水中的水分冻结的过程中，海水中的大部分盐会被挤出来。一部分被挤出的盐会被锁在冰晶的缝隙之间还未冻结的"水囊"中，并随着时间的推移被逐渐排出，但大部分的盐仍然被留在冰面下的海水中，海水的密度会变大。因此，密度大的冷水下沉到深海，流过大西洋和太平洋的海底，只能通过墨西哥湾流之类的暖流才能再次回到北极地区。这样形成的海水运动是一条足以影响全球气候的重要"水流传送带"，但危机迫在眉睫。目前，北极地区的海冰正以每10年13%的速度减少，如今北极的多年冰只剩下3%（最新数据为1.2%）。如果这些多年冰完全融化，"水流传送带"会完全停止运作，谁又能预测到我们的环境会发生怎样的变化呢？毕竟，在北极地区的海冰还存在的时候，看似平静的冰面下，水流无时无刻不在进行着惊人的动态变化。

曾几何时，人们认为，海冰永远只待在它形成的地方，但挪威探险家和科学家弗里乔夫·南森认为，海冰可以绕着极地移动。他通过一次险象环生的冒险验证了自己的观点。1893年，南森乘坐前进号从挪威北端的瓦尔德出发，向海冰的锋面进发。当船一路向北，航行得足够远时，南森故意让自己的船被冰面困住，因为到了冬季，海水会在船周围结冰。但前进号并没有停在原地，而是在北极地区和法兰士约瑟夫地群岛之间的洋面上漂流。3年后，这艘船再次出现在斯瓦尔巴群岛的北海岸外，南森证明了海冰是在不断移动的。如今随着卫星技术的发展，我们知道了是由盛行风形成的两股主要洋流将冰层带到了北极盆地周围。

波弗特流涡就像是一个涡轮，它在加拿大和阿拉斯加以北顺时针转动，由此把所有的海冰都困在这里好几年，从而让它们能形成厚重的多年冰。海冰在这里被"捕获"，由此互相碰撞、推高，逐渐形成高耸的冰脊，因此冰冻的北冰洋并非一片广阔、平坦又多雪的极地荒漠，而是一片如同陆地一样，遍布山峰、山谷的冰冻海洋，而且这里形成的山峰、山谷都会逐年逐地发生变化。而第二个影响海冰运动的系统，即穿极流，则推动着海冰从俄罗斯的西伯利亚海岸出发，穿过北极盆地，并进入北大西洋。其中一些跨极地冰被推到格陵兰岛和加拿大海岸，形成整个北极地区最厚的海冰。这片海冰平均厚度为4米，但有着高达20米的冰脊。如今，这片海冰被称为"最后的冰区"，因为如果全球继续变暖，那么这片海冰将是北极地区最后的海冰，也是所有依靠北极冰层获取食物和庇护的野生动物最后的避难所。

顺着冰沟前行

▲ 一群独角鲸和一群白
鲸在海冰冰沟的死胡
同里狭路相逢。两群
鲸纷纷发出咔嗒声和
哨音，让人觉得这像
是两种齿鲸类动物正
在进行跨物种交流。

▶ 白鲸又称贝鲁卡鲸。
这群白鲸被困在了一
片海冰中。它们正不
断绕圈游动，从而防
止水面冻结，好让自
己可以继续浮出水面
呼吸。

　　随着春天的到来，冰消雪融，海冰上会出现被称为"冰沟"的走廊状开放
水域。冰沟的出现往往会加速海冰融化。在洋面上，深色的海水比冰面反射的阳
光要少，因此，冰沟处的海水可以吸收更多热量而升温。在北冰洋，冰沟无时不
在，无处不在。海冰在风或是洋流的作用下受到压力而开裂，开裂的冰面逐渐裂
解，形成浮冰在水面上漂散开，于是冰沟就这样形成了。冰沟并非永久存在，有
时可能只存在短短几天，但冰沟的存在能使北极地区的鲸们，如弓头鲸、白鲸和
独角鲸，下潜到浮冰群的深处，同时也能有开放的水面用来换气。

　　偶尔，冰沟可能会重新冻结并把鲸（尤其是体形较小的鲸）围困其中。在
俄罗斯北极地区海岸边的水域里，一群白鲸被围困在了一片比篮球场还小的开
放水域中。鲸是需要呼吸空气的哺乳动物，因此它们每隔15分钟左右就需要返
回水面换气。这30头4米长的白鲸通过不断地在这片水域里圈游泳，来让这
片水域不会再次冻结。这个冬季这群白鲸已经被围困在这里数月了，还吃光了
附近的鱼，它们看起来都憔悴不已。长此下去，这群白鲸将会死于饥饿，而最
近的冰沟远在30千米以外。幸好春季到来了，坚不可摧的冰层逐渐融裂，时间
刚刚好，这群白鲸终于可以重获自由。

▼ 《冰冻星球Ⅱ》纪录片的摄制组在米蒂马塔利克［伊努克提图特语为Mittimatalik，意为"登陆点"，也被称为庞德因莱特（Pond Inlet）］附近的冰面上露营了一个月，当冰面在春天开始融化时，摄制组也开始准备返航。

另一群白鲸则顺着另一条冰沟前行，但最终这条冰沟把它们带入了死胡同。在这里，这群白鲸与4头独角鲸（也叫一角鲸）不期而遇。尽管白鲸和独角鲸有共同的栖息地，但它们很少像这样面对面相遇。白鲸和独角鲸的食谱也不相同，独角鲸更喜欢在冰下深处捕鱼，比如马舌鲽和北极鳕；而白鲸则在沿海的浅水湾捕食。令人惊讶的是，在这次罕见的会面

中，这两群鲸展开了一系列社交活动，似是跨越了物种在进行"交谈"。水下麦克风捕捉到的信息显示，两种鲸似乎在用嗡鸣声、咔嗒声和口哨声进行交流。然而，这些鲸究竟说了什么目前对我们来说依然是个谜。

独角鲸因其雄性个体的螺旋状长牙而得名。这群独角鲸正沿着加拿大北极地区海岸边的海冰冰沟前行。

浮冰边的新生命

　　春天到了，北冰洋的大片浮冰碎裂成无数的小块浮冰，海冰的面积逐渐缩小。在经历了隆冬的漫长极夜之后，初春时节逐渐变长的白昼带来了新生命。在北冰洋，有这样一种动物需要在新一年的生命竞速中领先，它就是竖琴海豹。在这场竞速中，雌性竖琴海豹尤其需要加快速度。竖琴海豹会在冰面上生产，因此刚刚出生不久的幼崽很容易成为捕食者的目标。就像我们在之前的章节中提到过的冠海豹一样，竖琴海豹的生产时机也至关重要：如果幼崽出生得太早，那么饥饿的北极熊就可以轻易地在密集的海冰上穿梭捕猎；如果幼崽出生得太晚，那么在幼崽学会生存技能之前，海冰就会融化消失。把握出生时间早晚的平衡是一门艺术，竖琴海豹能把自己的日程安排得很完美。至少，它们曾经可以做到。

　　在研究了候鸟迁徙和花朵绽放等与时间有关的因素之后，加州大学戴维斯分校的科学家们确定，如今北极的春天相比10年前要提早16天到来。对于竖琴海豹来说，16天的变化可能会对它们每年固定的繁殖活动造成毁灭性的打击。

　　竖琴海豹没有固定的领地，无论是在极北的大西洋海域还是北冰洋海域，抑或是西部的哈得逊湾或是东部的法兰士约瑟夫地群岛，人们都可以发现竖琴海豹的踪迹。竖琴海豹会在整个北极地区游走，但不会在同一个地方停留很长时间。在夏天，竖琴海豹会跟随浮冰一路北上，而到了冬天，它们会重新南下。竖琴海豹每年南北往返的路程超过5000千米。到了2月下旬，竖琴海豹会聚集在北极地区的固定繁殖地；到了3月，雌性竖琴海豹会产下幼崽。竖琴海豹有四大主要繁殖地：竖琴海豹中的"锋线群"喜欢聚集在加拿大拉布拉多地区和纽芬兰海岸，而"海湾群"的竖琴海豹则群聚在

▼ 一只竖琴海豹幼崽躺在格陵兰海的浮冰上。在4~5周大的时候，竖琴海豹幼崽将褪去这件白色的外衣，露出里面早已长好的灰色皮毛。

圣劳伦斯湾的马格达伦群岛（又译为马德莱娜群岛），"西部群"聚集在格陵兰东部，"东部群"则聚集在俄罗斯北海岸的白海。

在"西部群"聚集的冰面上，竖琴海豹的幼崽通常在浮冰的边缘出生。竖琴海豹的整个生产过程非常迅速，大约只有15秒。在竖琴海豹幼崽生命的最初几周，它们都要保持这样飞快的节奏。自母亲温暖的子宫降生到寒冷的冰面后，瑟瑟发抖的竖琴海豹幼崽必须先依靠阳光来取暖，再用自身的脂肪隔绝严寒，并且动作一定要快。此外，竖琴海豹的哺乳期也很短，仅仅只有12天。在此期间，母亲不会外出捕猎，而是在幼崽自学游泳时亲自照看它。

在育儿期间，雌性竖琴海豹既要监督幼崽的游泳速成课，又缺乏食物来源，还要喂养嗷嗷待哺的幼崽，这意味着这些母亲平均每天都会减掉不少体重。而与此同时，它们的幼崽则会在哺乳期内迅速增长体重——每天增长大约2.2千克。竖琴海豹的乳汁中脂肪质量的占比为50%（一说60%），蛋白质为11%，因此幼崽的体重能在不到两周的时间内就增长两倍。哺乳期结束后，这些一身白色皮毛的小家伙便会被母亲抛弃。在竖琴海豹幼崽的余生里，它们再也不会见到自己的母亲了。

拍摄手记

格陵兰海

　　对于制片人蕾切尔·斯科特与整个摄制组来说，到达格陵兰岛偏远的西部，找到竖琴海豹的"西部群"并追寻它们的足迹出人意料的困难。

　　"我们从挪威出发，花了大约一周的时间到达竖琴海豹的繁殖地。然而，寻找竖琴海豹的幼崽非常具有挑战性。那时，我们待在一片非常偏远的浮冰区，期待自己能看到成千上万只竖琴海豹在大块冰面上爬行的景象。然而，冰层变薄，风暴又将浮冰打成了碎片，因此，在这一大片区域里只能见到分布得非常稀疏的竖琴海豹。"

　　对于挪威船长比约内·奎恩莫来说，这是他从未见过的景象。

　　"从前，这片海域都被冰覆盖，冰面最远可以延伸到海岸线外320千米。"比约内回忆道，"现在，我们每次来到这里，都会对天气和冰面的变化情况感到惊讶。你只能凭着经验航行，除此之外别无他法。"

　　野生动物摄影师杰米·麦克弗森也是一位经验丰富的极地专家，此前曾多次与比约内共事。对于比约内在浮冰区内的航行技巧，他大为赞赏。

　　"比约内是我见过的经验最丰富的海冰区航行好手。他曾经是一名海豹猎手，我们乘坐的船也曾用于捕猎海豹，名字叫哈弗赛尔号。比约内已经在西部冰区驾船航行了40多年，而西部冰区是所有水手，无论老少都会发怵的地方。尽管那里看起来并不危险，但这片在格陵兰岛东海岸的冰冻水域既遥远又不太平，很少有船从那里经过，也正是因为这样，如果人们在那里航行遇到了麻烦，几天甚至几周之内都会孤立无援。在那里，人们还必须在沉重的浮冰之间工作，因此如果有人不小心耗尽了船的燃油或是错误地判断了潮汐变化，又或是在糟糕的时机下鼓起船帆，那么这艘船很可能就会沉没。欧洲大陆和格陵兰岛之间的海域经常会有风暴，即使是在无风的日子里，海浪也有数米高，至少我们在那里拍摄的时候就是如此。而现在，那片海域里风暴作乱的次数似乎更加频繁，狂

风大浪将浮冰都击碎了，更是对竖琴海豹幼崽的数量产生了直接影响。比约内告诉我，他在这40多年里，第一次看到浮冰上幼崽的数量如此之少。"

在拍摄初期，因为没有大面积的浮冰且竖琴海豹幼崽数量稀少，蕾切尔和她的团队在一周内都没有拍到任何东西。他们只得沿着格陵兰岛海岸，向破碎四散的浮冰区内进一步搜索，深入此前从未有摄制组涉足过的区域。

"我们从破冰船上放下小船，在迷宫般的浮冰区里寻找竖琴海豹幼崽。难以预测的风向是当时我们面临的最大风险。如果风向突然发生改变的话，我们就有可能被困在浮冰区里。我们不得不好几次向母船求援。

"当时的气温一般维持在零下10℃左右，不过有一天，它掉到了零下22℃。即便如此，2019年，也就是我们在那里拍摄的时候，仍然是格陵兰岛有记录以来最温暖的一年。气候的改变引起了剧烈的风暴。拍摄期间有几天的天气实在太恶劣，我们担心自己乘坐的小船会被卡住，因此不得不驶离浮冰区。摄制组的成员不得不在开阔的水面上随船漂浮，被愤怒的大海摇晃，所有人都感到非常难受。小船的船首和绞盘都被冰冻住了，冰块拉着整艘船往下沉，我们只能用锤子把冰块都敲碎。在海豹的繁殖期结束之前，我们只有16天的拍摄时间，任何的拖延都是在消耗我们的摄制时间。"

然而，当摄制组成员终于找到竖琴海豹幼崽时，他们就忘记了所有的艰难困苦。

"我无法用任何语言来形容竖琴海豹的幼崽有多么可爱。"蕾切尔说，"它们美丽又脆弱，有着蓬松的白毛，大大的眼睛，叫声也很甜美。它们会追着自己的鳍足打滚，再睡上一整天，醒了就哭喊着找妈妈，要妈妈喂奶，随后就把刚说的这些事再做上一遍。拍摄竖琴海豹幼崽学习游泳的过程也令人很愉快。它们从最基本的狗刨式开始学起，头露出水面，两只鳍足到处乱拍，在几天的练习之后，它们就变成了灵活的深潜专家。它们的学习速度之快，实在令人惊叹。"

▲ 休·米勒越过一片迷宫般的浮冰，抓拍学习游泳的海豹幼崽。

◀ 一只雌性竖琴海豹和它的幼崽正趴在一块巨大的浮冰上。这块浮冰应该能坚持到幼崽彻底熟悉水性为止。

然而，拍摄竖琴海豹幼崽学习游泳的过程对摄制组的两位摄像师来说是一个很大的挑战。杰米负责拍摄冰面上的动物活动。

"光看屏幕上的影片时，人其实难意识到，虽然画面看起来风平浪静，但其中的浮冰实际上是在超过2米的浪潮中浮浮沉沉的。为了能让海豹幼崽保持在画面当中，我不得不一直随着冰面大幅度地摇晃。"

在水面以下，水下摄像师休·米勒也有自己的难题要面对。水下的温度大约为零下2℃，水下摄像机的球形保护罩上结了冰。摄像机的按钮也被冻住，水漏进了外壳，电池很快就没电了，而休的手指很快就变得麻木不适。

"当时的拍摄条件非常恶劣，"休说，"严寒使得在水下操作摄像机变得异乎寻常的困难。"

但是，当摄像师和竖琴海豹幼崽一同待在水下，这就变成了一段无与伦比的奇妙体验。

"小竖琴海豹甚至会把摄像机当成玩具玩耍。"蕾切尔说，"我在很远的地方都能看到休脸上的微笑。"

然而，在竖琴海豹母亲抛弃自己的幼崽的时候，蕾切尔几乎难以承受这一切。

　　"你很难不为这些可怜的小家伙感到伤心，它们才出生12天就被遗弃在偌大的深海中。在雌性竖琴海豹离它们远去整整一天后，它们依然会呼唤自己的母亲。当然，它们不会收到任何回应。这让人看得心里很难受。"

　　在母亲离开后，每只竖琴海豹幼崽都只能待在自己所处的冰面上。它们必须褪下身上全白的"大衣"，换上一身灰色的皮毛，还要锻炼自己的肌肉，这样它们才能游泳而不至于溺水。这之后，它们才能长时间地停留在水中，为自己捕猎。但在变暖的北冰洋中，冰层已经变薄，风暴越发频繁。比约内船长目睹了接下来发生的一切。

　　"在狂风中，有太多的幼崽因为恶劣的天气死于非命：冰面破裂时，这些幼崽还没有学会必要的生存技能就落入了水中。这一幕实在是惨不忍睹。"

　　整个摄制组都目睹了这一幕。对于蕾切尔来说，这并不是他们希望拍摄到的画面。

▲ 休正和几只竖琴海豹
一起待在清澈见底的
格陵兰海中。

"亲眼看到气候变化对海豹构成的这种威胁着实令人心碎。我们看到有许多竖琴海豹幼崽被翻涌的海浪掀进海中，但对此我们却无能为力。我只希望这些落水的幼崽已经足够强壮，可以自行返回冰面，也希望海上的浮冰能再坚持得更久一点，等到竖琴海豹幼崽能够游刃有余地面对大海再融化。"

然而，许多幼崽还是没有存活下来。在加拿大圣劳伦斯湾的一处竖琴海豹繁殖地，经过近年来的统计，人们发现此处的竖琴海豹幼崽死亡率高达75%。而在摄制组到访的格陵兰岛东部繁殖区，至少有40%的竖琴海豹幼崽没能活到1周岁。竖琴海豹的种群数量正在减少。曾经人们认为，这一物种是北大西洋数量最庞大的海洋哺乳动物，但在气候变化的威胁下，竖琴海豹种群的繁盛又能持续多久呢？

骷髅虾与冰藻

初夏时节，北极地区发生了巨大的变化。除了冰层破裂之外，冰面下的海洋也出现了"骚动"。首先发生变化的是那些在海冰内或海冰下过冬的微型绿藻。它们是冰藻。冬季光照条件差，冰藻生长缓慢，但它们富含脂肪。冰藻的苏醒时间取决于冰面上的积雪覆盖情况。如果积雪太厚，没有足够的光线穿透海冰照射到冰藻上，光合作用的营养转化率就很低。但随着冰消雪融，阳光可以穿透水面，海冰中的藻类就苏醒了，并在初夏生长繁殖。其余的浮游植物随之在中层水域蓬勃生长，这时，浮游动物和其他微型生物，如骷髅虾，加快了它们的进食速度。

　　骷髅虾即麦秆虫，得名于它们如同骷髅一般的外形。骷髅虾是一种片脚类甲壳动物，它们线状的躯体只有几厘米长，与海床上的海草和苔藓植物融为一体，几乎无法分辨。人们可以在海洋中的任何深度发现这种动物的踪迹。

在春季，它们在海藻——比如冰川峡湾中生长的海带上向上攀行，从而更接近它们能吃的有机物。骷髅虾是体形微小的杂食动物，它们会食用藻类、浮游动物、"海洋雪花"（即从海面沉降下来，由浮游动物的排泄物与浮游动物的尸体等混合成的沉降物），以及水螅和底栖生物，尽管没有人知道骷髅

骷髅虾正在守株待兔，等待硅藻和微小的浮游生物从面前漂过，然后会用附肢捕获它们。这种用于捕食的附肢被称为颚足，其捕食的原理与螳螂捕食的原理类似。

虾是在什么时候捕猎进食的。它们站在海藻（如海带）的叶片边缘，不断地与其他邻居争斗。它们只是生活在这里的众多生物中的一种，这里还有裸海蝶（又称海天使）、海蝶、栉水母、钵水母、软珊瑚、海葵、蛤蜊和贻贝等。这些生物食用的浮游生物数量繁多，将海水染成了绿色。但这一切的存在都取决于海冰。

海冰是北冰洋食物网的基础。现在最大的问题是，当冰层不再存在时，北冰洋会变成什么样。没有海冰，冰藻和其他浮游植物可能不会像过去那样繁盛，但没有人能确定最终会发生什么。浮游动物中的许多种，如桡足纲动物，它们依靠富含脂质的冰藻来滋养幼体，而没有海冰，就没有冰藻。不过在短期内，某些缺乏营养的浮游植物就可以大量繁殖。对桡足纲动物来说，这就像是把营养均衡的饭菜变成了快餐，这对它们的身体一定会产生不可避免的影响。变化并不是只有这些，随着水温的上升，桡足纲动物的新陈代谢将进入超速状态，这会导致它们更快地消耗完它们从藻类中吸收的脂质，这意味着鲸与其他以桡足纲动物为食的动物会吃到不符

▲ 海底的海带会朝着有光的地方生长。海带上的"毛"是由无数的骷髅虾组成的。这些骷髅虾都把颚足伸向食物富集的海洋上层。

合"营养标准"的食物。另外，如果北冰洋没有了冰层，也没有了冰藻，浮游生物就会集中在4月和5月进行爆发式的繁殖，而很少会在一年中的其他时候再繁殖了。正是这些生长在海冰下的空腔里的冰藻让北冰洋的生态系统在冬季也能保持活跃。而如果北冰洋没有了海冰，这里的生态系统就不会存在。

已经有迹象表明，变暖的气候和融化的冰层正在导致春季水华到来的时间越来越早，这种春季水华提前的现象在过去10年中尤其明显。斯克里普斯海洋学研究所的科学家们与一个国际团队合作，发现在北极的一些地区，持续1~2周的春季水华高峰期提前了多达50天，这意味着如果那些正处于繁育期的野生动物想趁着海洋食物爆发增长的时间段大快朵颐，那么它们到了目的地以后很可能会发现自己已经错失良机：因为它们来得太晚了。这将会影响整个食物链：从吃浮游植物的浮游动物开始，一直到顶级捕食者。令人警醒的是，北极熊87%的食物都源于这些生长在冰下的藻类。

重返海鸟之城

凤头海雀凭借自己身上好闻的柑橘清香和时髦的黑色小卷发来求偶。

随着每天同一时刻太阳在天空中的位置逐渐升高，漫长的冬夜也让位给漫长的夏日，访客们便蜂拥而至。到了7月，数以千万计的海鸟从更南方的陆地和海洋迁徙而来，把贫瘠的海岸和岛屿变成了吵吵闹闹、臭气熏天又摩肩接踵的繁殖群落，其中就有世界上规模最大的几片繁殖地。高耸海崖上的每一处岩架上都挤满了急切的鸟儿，夏季是短暂的，所以它们需要快速完成求偶、交配、产蛋、养育雏鸟的过程，并在天气再次变差、自己不得不离开之前让雏鸟们出壳。其中，有一种名叫凤头海雀的动物，在夏季到来前的9个月都在海上度过，但到了7月，白令海圣劳伦斯岛的巨石坡会吸引将近50万只正处于繁殖期的凤头海雀。凤头海雀之所以来到这里，是因为阿纳德尔海流从深海带来了营养丰富的冷水，因此整个大陆架都变得生机勃勃，遍布着鸟类爱吃的磷虾和桡足纲动物。

到了7月，繁殖季已经开始，但仍然有鸟儿在苦寻伴侣。在众多寻找配偶的凤头海雀中，有这样一只体形与八哥相仿的雄鸟。这只雄鸟可能是初出茅庐的一员，但它很快意识到自己所在的这片斜坡上竞争激烈。在开场表演中，这只雄鸟展示了自己下垂的前拱形冠，并用颜色鲜亮的橙色喙来衬托自己一身纯黑色的羽毛。然而，由于雄鸟和雌鸟在繁殖期都有相同的发型和喙的颜色，它并没有因为自己的表演而从众多求偶者中脱颖而出。于是，这只雄鸟便唱起了一首小夜曲来吸引雌鸟，但旁边的一只雄鸟的声音更富有磁性、更嘹亮，完全掩盖住了它试图博取"佳人"青睐的尝试。更重要的是，这只雄鸟的竞争对手占据了高处，因此更容易被围观的雌鸟细细打量。

这场求偶表演的观众大多是较晚进入繁殖期的雌鸟，甚至还有一些其他雄鸟。鸟儿们都围拢过来，但并不仅仅是观看表演，也是为了细嗅芬芳。凤头海雀会从脖子后的腺体中释放出令人陶醉的柑橘清香，这也是人类发现的第一种能发出芳香信号的鸟类。

当凤头海雀们表演时，人们发现，演出中表现突出的个体最受雌鸟青睐，雌鸟们会蜂拥而来。但凤头海雀的求偶选择是一种双向选择，因此接下来就是雌鸟讨得雄鸟欢心的时候了。最终，占据优势的雄鸟找到了中意的伴侣离开了，于是展示的舞台便空了出来。一只较为年轻的雄鸟便抓住时机尽情表演，而一只年轻的雌鸟则垂青于它，在一缕柑橘的芬芳中两者就结成伴侣。如果顺利的话，它们的配偶关系可能会维持4年，但凤头海雀并非长情的物种，被后来者吸引去目光只是时间早晚的问题。研究发现，凤头海雀群体的"离婚率"接近50%。

拍摄手记

圣劳伦斯岛

　　在圣劳伦斯岛上新来的访客里，有野生动物摄影师约翰·艾奇逊，以及研究员埃琳·麦克法登和现场助理保罗·劳伦斯。他们此行的目的地实地条件很恶劣：这座岛地理位置偏远，经常雾气弥漫，这对于拍摄来说更是糟糕。当他们抵达这座岛时，还遇到了意想不到的热浪——气温飙升至35℃。他们对此毫不畏惧，骑着四轮摩托车从岛屿北端的甘伯尔出发，前往南边的Kongkok Bay。一路上，他们途经大片盛开的冻原花，还有洁白的沙滩和波光粼粼的蓝色大海。

　　"远远看去，你就能看到俄罗斯了，其实已经离它不太远了。"约翰在他的日记中记录道，"周围有黑腹滨鹬和翻石鹬在筑巢，还有长尾贼鸥、小天鹅和沙丘鹤，它们都是迁徙性鸟类；周围还有一些融水湖，三趾鸥会来这里喝水。到达凤头海雀的筑巢区域时，我们看到这些鸟儿不像其他海鸟那样在峭壁上筑巢，而是把巢建在了陡坡上。这片陡坡上布满了从崩塌的悬崖上掉落的石块。

▲ 在夏天，四轮摩托车是圣劳伦斯岛上最常用的出行交通工具。

凤头海雀会占据石块间的空隙用来筑巢，但它们白天都在海上觅食，因此我们不得不在它们晚上归巢时拍摄。凤头海雀会聚集在水面上，到晚上大约9点钟的时候，它们会像椋鸟一样成群结队地起飞，随后降落到地面上。

"雄鸟要么独来独往，要么集结成小队。它们会蹲下身子，头朝向天空，随后打开胸腔使劲吸气，发出一种奇特的鸣叫声。在一开始，我没有意识到这是凤头海雀发出的声音，因为我没有看到它们的喙在动。凤头海雀的眼睛也很引人注目，它们的虹膜是白色的。当凤头海雀进行炫耀时，它们会把瞳孔收缩成针尖那么小，因此这时凤头海雀的整个眼睛看起来都是白色的，就像恐怖片里僵尸的眼睛一样。

"不过，凤头海雀炫耀行为的真正目的是闻其他凤头海雀的脖子。凤头海雀会飞快地跑到正在炫耀肢体的鸟儿身后，并把喙伸到它的脖子后面，紧紧地与它依偎在一起。然后，下一只凤头海雀也会过来如法炮制，紧接着，就是第三只、第四只……凤头海雀们就这样排着队聚在一起，互相闻对方的脖子，像是在跳康茄舞一样。当凤头海雀被北极鸥、渡鸦或是北极狐惊扰时，这支舞就戛然而止；这时不仅仅是那些互相闻嗅的凤头海雀，整个鸟群都会嗖的一下四散飞走，只留下一片突如其来的死寂。"

然而，在圣劳伦斯岛上，凤头海雀的生活并非总是一帆风顺的。约翰了解到，偶尔出现的狐狸或是海鸥并不是凤头海雀的主要威胁。

"生活在当地的尤皮克人告诉我们，去年没有任何凤头海雀的雏鸟存活，他们认为，这是由于气候变化造成的极端天气引起的，尽管这种天气变化给啮齿动物、渡鸦和贼鸥等捕食者带来了好处。尤皮克人非常了解他们身处的环境，并且坚信气候正在发生变化。他们知道'正常的'天气应该是怎样的，而现在发生的气候变化是'不正常的'。在甘伯尔，当地人告诉我们海冰在2月就已经消失，而在过去，海冰要到6月才消失。他们描述曾有数百只海鸟和几头灰鲸被海浪冲上岸边。他们认为这是由于食物短缺导致的，这不仅影响了野生动物，也影响到人们自己。尽管当地人可以在商店里买到典型的美式快餐，但每个人赖以为生的是他们从海上捕获的猎物，从海鸟，到鲸，还有海象，不一而足。在这里，你可能会和当地人进行一些怪异的对话，他们还会随时中断对话去处理一只被发酵到一半的海象。在因发酵产生的蛆虫长大之前，他们必须把这只海象冻起来！在与其中一个年轻人交谈时我问他：'你最喜欢吃什么？'他回答说：'刚猎到的海象肚子里的蛤蜊。'然而，他还能享受这样的美味多久呢？因为气候变化，这些人的生活已经发生了翻天覆地的改变。"

数以千计的凤头海雀蜂拥至悬崖边，随后降落在位于石块间的它们的巢里。

肥头大耳的弟兄们

海象在春天生产，所以到了夏天，小海象们已经成长了不少。冰层对于海象母子来说非常重要，因为雌性海象和海象幼崽们都喜欢在随水漂流的浮冰上歇息，这样，海象母子就能与其他族群和北极熊等捕食者隔离开来。拥有自己可以栖身的一小片浮冰对海象母子来说比留在海滩上要安全得多。然而，在如今的夏天，越来越多的海象母子被迫在陆地上栖息。

除了那头奇怪的流浪海象威利——它独自游到了比斯开湾这么远的地方，太平洋海象和大西洋海象终其一生都生活在北极地区。作为一种体长3米、重1000多千克（雄性个体数据）的大型动物，海象的进食方式出人意料地秀气：它们会潜入海床，用粗壮的胡须寻找埋在海底沉积物中的蛤蜊、蠕虫和其他生物。在一次长达30分钟的潜水中，海象可以一次性捕获超过50只蛤蜊。在漫长的夏日里，海象每天的

▼ 这只海象像是在玩滚柱子游戏一样，从海滩上滚进海里。

觅食时间可达17小时。一般来说，它们会花8~10天在水中觅食。在吃饱喝足后，它们会暂离大海，在岸上休息的时间也是8~10天，除非它们遇到大风天。海象不喜欢有风的天气，它们会尽量避开超过48千米/时的大风。生物学家观察到，如果海象在岸上休息时起风了，它们就会变得有些惶惶不安，易受到惊吓。

　　海象休息的地方通常靠近觅食点，而浮冰无疑是最受欢迎的休息场所。海象一年四季都在觅食。当海冰存在时，尤其到了冬天，冰缘进一步向南推进时，海象明显表现得更活跃。一般在深秋，海象只能在陆地上休息，它们就不会花费太多时间在水中觅食。而在夏天变长、北极地区变暖的情况下，这种变化就更为显著。

　　在北太平洋，数以千计的海象挤在新的休息地。在白令海两岸，数十万只海象在俄罗斯一侧停驻。自2007年以来，白令海两岸出现了大片的海象停驻点，如阿拉斯加的波因特莱。海冰的减少对当地海象的种群数量产生了不利的影响。这里之所以有这么多的海象，是因为海象觅食的地方大陆架很宽，因此可以容纳大

▼ 在斯瓦尔巴群岛的海象海滩已经没有多余的空间了。注意看，新来的海象的皮肤往往呈现一种淡淡的粉红色。

▼ 海象在看到人类靠近时表现得相当淡定，几乎懒得动弹，但如果有北极熊出现，那它们会在眨眼间就不见踪迹。

量的觅食者。在捕食的间隙，海象会在浮冰上休息，但现在海冰只出现在更北更冷的地方，所以海象必须在离捕食地点有一定距离的陆地上休息。

　　雄性海象经常前往有雄性伙伴的海滩，在斯瓦尔巴群岛的斯匹次卑尔根，一只雄性海象在它喜欢的海滩上休息。它在沙子和砾石上摇摇晃晃地蠕动，将身体的重心从一边挪到另一边，以便将前鳍肢抬起来。这样挪动对于这只海象来说一定很费力，而且，这对它的前鳍肢来说也是一个不小的负担，所以，它在移动了四五步后，就停下来短暂休息。这只海象用这种不雅观的步态，移动到了海滩上最拥挤的中心位置，哪怕其他地方还有很多空间。它在这里舒展开全身，发出一声满足的叹息，随后皮肤开始变色。

　　在水里时，海象的皮肤往往是白色或暗褐色的，因为它们皮肤血管内的所有血液都流到了核心部位，以避免热量通过皮肤流失。而为了在陆地上保持凉爽，海象核心部位的温热血液被泵入皮肤血管来散热，所以海象的皮肤就会变成明亮的粉红色。

　　与同伴亲密无间地休息的确很令海象安心，但长此以往也有缺点：海象的身体最终会变热。因为此时，它们周围的气温可以达到22℃，并且蜕去旧皮的时候也会让它们不适。这时，海象就需要在海里泡一泡。但海象的体形太大，脂肪太多，要迅速移动到水边是非常困难的。于是，这种动物就像是孩子们会在山上玩的滚柱子游戏一样，自己从沙滩上滚落下来；一旦有一只海象开始滚动下水，其他海象也会纷纷效仿，都从沙滩上滚到海里。这是一种方便的、低能耗的入水方式，尤其是在沙滩有一定坡度的情况下。并且，这些海象似乎对此也乐在其中。

无冰的北极地区

　　我们反复提到的一个主题是气候变化和世界变暖对极地地区冰原的影响。在遥远的过去，每年夏天，北冰洋海冰的面积都会很自然地缩小，而在过去的40年里，夏天时，这里剩下的海冰已经减少了一半。一些科学家警告说，可能仅仅15年后，海冰就会在夏天完全消失。在北极地区和南极洲，人们发现，海冰不仅是海洋表面的一层冰，而且是保证该地区几乎所有生物生存的生命支柱：小到隐藏在冰层下的浮游生物，大到利用冰层边缘觅食的鲸，这些生物都依赖海冰生存。海冰构成了世界海洋中食物最丰富的地方之一。如果没有海冰，我们很难想象，许多生活在北极地区的极富代表性的生物会有怎样的未来。不过，虽然像白鲸、独角鲸和弓头鲸这样的动物能否适应无冰的北极地区尚不确定，但是我们知道，有一些动物已将这种不断变化的气候视作一种新的机遇。

　　正如我们所看到的，北方的虎鲸种群正在日益向北移动，但在这条一路向北的路上，它们并不孤单。太平洋鲑鱼在北极鲑鱼曾经栖息的地方游动，棕熊出现在波弗特海的海岸上。北极熊与棕熊交配，创造出所谓的"灰北极熊"。同时，这些南方来的棕熊可能会带来它们的北极表亲无法免疫的疾病。

　　科学家们通过最近的研究发现，独角鲸和白鲸缺乏抵抗海豹麻疹病毒的抗体。1988年，人们首次在海洋环境中发现了这种病毒。当时，数万只港海豹和灰海豹在欧洲西北部的水域因为感染了这种病毒而死亡。从那时起，这种病毒就开始感染贝加尔湖的海豹和地中海的海豚。只要携带病毒的领航鲸、港海豹或海豚与白鲸或独角鲸接触，这种病毒就会对这两个物种造成灾难性的后果；而且由于海冰的消失，这类物种间的接触传染就更容易发生。

▶ 与在北极的其他地区一样，在斯瓦尔巴群岛周围的水域，海冰融化碎裂的时间越来越早，北极熊等掠食动物捕猎的范围也越来越小。

北极熊

▼ 在长途跋涉，一路游
到弗兰格尔岛后，这
头雌性北极熊与它两
只6个月大的幼崽正
急于寻找食物。

北极熊是一种依赖海冰生存的动物，但我们无法确定在未来海冰还能保留多少，北极熊的生存前景并不是非常理想。在距俄罗斯北部海岸大约140千米处的弗兰格尔岛，我们就能提前窥见这灰暗未来的一角。弗兰格尔岛是一座相当大的岛，面积达7300平方千米。但弗兰格尔岛是一个寒冷又令人生畏的地方，并且经常被大雾所笼罩。

如果岛上没有起雾，那此地就可能刮起大风，大风就会带来大浪。在岛上漆黑的悬崖底部，狭小的黑沙滩会被强风带起的大浪反复冲击。海象和北极熊都会被这种大浪带到这座岛上。其中，一些北极熊已经在激流奔涌的海面上游了很远的距离，而这种情况在最近几年变得越发普遍。一头被安装了卫星定位装置的雌性北极熊在波弗特海不停地游了232小时，行程总计687千米。然而，它的幼崽却没有在这次史诗般的旅程中存活下来。在这项研究中被追踪的北极熊里，有几乎一半的幼崽失去了生命。在过去气候条件好时，海面上遍布浮冰，北极熊只需要在浮冰之间进行短距离的游动就可以了。但随着夏季浮冰数量越发稀少，北极熊在水中的旅程就变得越来越长。

如今，北美和俄罗斯的北极熊已经把弗兰格尔岛当成了在夏季的避难所，越来越多的北极熊在这里登陆。根据最新统计，登陆的北极熊数量多达3000头，而今后，这个数字将会越来越大。因而，这座岛已经成为北极地区最大的北极熊集

中地；在冬季，这里也有着最多的北极熊巢穴。在20世纪80年代，北极熊会在9月来到这里，但目前的气候条件迫使它们7月就来了。

曾几何时，有多达10万只太平洋海象在弗兰格尔岛上休息。这里也曾是世界上海象数量最多的地方。但如今，岛上栖息的海象只有3000只。即便岛上的海象数量大幅减少，狭窄海滩上的休息空间仍然非常宝贵，就像在斯瓦尔巴群岛的海滩上一样，时常有海象争夺海滩上的最佳休息处。不过一般而言，海象都表现得非常平静。在人类造访时，它们表现得非常宽容，但是当北极熊前来嗅探时，海象群就会随之陷入恐慌，而此时海滩上就会发生伤亡。体形较大的雄性海象并不太担心北极熊的到来。因为它们的皮太厚，北极熊的牙无法轻易穿透，而北极熊却有可能被它们的利齿所刺伤。然而，拖儿带女的雌性海象却很容易在北极熊到来时受到伤害。因为它们不仅更容易被北极熊捕食；在北极熊到来引发的恐慌中，雌性海象的幼崽也很容易在踩踏事件中被压死或者不幸落入水中淹死。北极熊似乎更喜欢利用这种恐慌引起的混乱捕食海象，而非直接捕猎。这种顺势而为的捕猎行为占据北极熊捕猎行为的80%。

一头雌性北极熊带着两只幼崽来到海滩。它们在漫长的游泳过程中幸存下来，安全到达了海滩，却发现海滩上挤满了正在捡拾残羹剩饭的北极熊，包括正在激烈争夺微薄口粮的雄性北极熊。雄性北极熊用后腿站起来，并用巨大的熊掌猛烈地互相殴打。这不是一个适合北极熊幼崽来的地方。这两只北极熊幼崽可能还没有超过6个月大，一头巨大而饥饿的雄性北极熊可以在很短的时间内就杀死它们，这使得雌性北极熊时刻处于高度警惕状态。它通常会不遗余力地避免与其他北极熊发生冲突，但今时不同往日，因为就像所有在这里的其他北极熊一样，这位母亲也急需食物。

▲ 北冰洋的海冰逐渐消
　失，北极熊将面临难
　以预料的未来（和漫
　长的游泳里程）。

　　水边的海象踩踏事故导致一只海象幼崽溺水身亡。一头北极熊将海象幼崽拖出海面并开始吞食尸体。其他几头北极熊也加入其中。雌性北极熊和它的两只幼崽在一旁眼巴巴地看着。尽管雌性北极熊一家也饥肠辘辘，但雌性北极熊并不能冒这个险。于是，它带着两只幼崽继续前进。

　　随后，雌性北极熊又闻到了另一具动物死尸的气味，这一次，它顺着气味一直走到了岛的内陆，远离了拥挤的海滩。这可能是一次获得食物的机会吗？谁也不知道。在饥饿的驱使下，雌性北极熊只能孤注一掷。它先是警告孩子们待在原地，随后便开始行动。它从两头北极熊中间缓步穿过。这两头北极熊太专注于进食而没有注意到它的行动，更不用说一旁的北极熊幼崽了。雌性北极熊的体形似乎被一旁进食的雄性北极熊压下一头。就在这时，幼崽们突然呼喊出声。另一头雄性北极熊身上的毛发已经被海象血染成了红色，听到呼喊的它开始向幼崽们靠近。雌性北极熊立刻奔过去保护幼崽们。它的护犊举动是在拿生命冒险。雄性北极熊见状，失去了对北极熊幼崽们的兴趣，随即转身回到"餐桌"旁。雌性北极熊也迅速回去，想分得一杯羹，但那头浑身染血的雄性北极熊又再次向幼崽们走去。这一次，雌性北极熊不再坐以待毙，而是全力进攻，狠狠咬住雄性北极熊的臀部，把它从自己孩子的身边赶走了。这时，幼崽们也紧紧地跟在自己的母亲身后。在雄性北极熊被赶走后，雌性北极熊一家回到了食物旁，距离上次幼崽们进食已经过去好几周了。

▶ 弗兰格尔岛的狭窄沙
　滩上挤满了海象。沙
　滩边的悬崖峭壁因永
　久冻土的解冻正摇摇
　欲坠。

　　在夏季，弗兰格尔岛上的确有食物，但并不充沛。海象、弓头鲸和灰鲸的尸体被海浪冲上岸边，最多可以供20头北极熊同时进食。同时，一些北极熊会挖掘贝类，猎杀旅鼠和雪雁，也会食用死去的麝牛和驯鹿，并试着捕猎鲑鱼，但北极熊真正需要的食物是数量庞大的海豹。从生理上说，北极熊对于环境变化的适应相当缓慢。一言以蔽之，在北极地区的陆地上，没有足够的食物来维持北极熊种群的生存。

拍摄手记

弗兰格尔岛

为了弄清楚气候变化对年轻的北极熊一家意味着什么，在2019年9月，我们的摄制组来到了弗兰格尔岛。出发前，团队中的野生动物摄影师约翰·艾奇逊刚从圣劳伦斯岛回来，但去弗兰格尔岛的路程更为艰难。相比于直接飞越仅975千米的短途路程，约翰不得不取道伦敦、途经莫斯科、鄂霍次克海的马加丹、西伯利亚的金矿镇比利比诺，最后乘坐俄罗斯的运输直升机才到达了弗兰格尔岛。

"我们等了好久才等到一个好天气，终于可以出发了。但当我们接近目的地时，大雾完全笼罩了弗兰格尔岛，于是我们想：'好吧，就这样吧，看来我们只能放弃这次拍摄了。'然而，接下来，飞行员在弥漫的浓雾中发现了一个视野清晰的缺口，他可以透过缺口看到下方的水面，于是飞行员便操纵直升机下降了。海水和雾气之间的高度足以让直升机降落到岛上。随后，直升机就以极低的高度掠过海滩到达弗兰格尔岛。着陆以后，我们乘坐一辆六轮冻原越野车穿越这片荒野，以自行车的速度前往岛的另一边。

▼ 在荒凉的弗兰格尔岛崖顶，摄制组捕捉到了北极熊惊扰一群海象的瞬间。

"这里是一片荒凉的不毛之地，只有灰色的页岩地貌和山上成片的积雪，有时能在地上看到灰白色的东西，那是猛犸象的骨头或是象牙。弗兰格尔岛是猛犸象在这个世界上最后的栖息地。然而，这里时常起雾，这使得我们的拍摄工作进行得非常艰难。"

当雾气散去时，约翰和摄制组捕捉到了许多内容，尤其是当北极熊追逐海象的时候。

"我们在这里发现了一大群海象。这群海象正在一座巨大悬崖下方的狭窄海滩上休息，这时，几头北极熊从水中接近这群海象。它们的这种举动并非想要直接捕猎，而是想要探探海象群中的弱势个体。当海象们看到北极熊迫近时，恐慌的情绪就会在海象群中爆发。海象们惊慌失措，有些慌不择路地试图攀爬上悬崖，最后摔下来砸到其他海象身上，有些急着冲进海里。海象幼崽很容易在这片混乱中被压死，因此，逃亡过后的海滩上经常会留下许多或死或伤的海象。

"当一只大海象被冲上岸边，许多北极熊就会闻风而来。你可以看到它们伸长脖子，嗅探着空气中的气味，这些北极熊是从很远的地方赶来的，其中不少是体形巨大、很有威胁性的雄性北极熊。换个时候，雄性北极熊肯定会去吃掉不幸撞见自己的北极熊幼崽，因为北极熊幼崽并不清楚其中的危险。在拍摄中，我们看到一头雌性北极熊就处在这种两难中，因为它的幼崽想食用一只海象的尸体，这具尸体在海上漂浮着。这时，一头巨大的雄性北极熊出现了，赶走了其他的成年北极熊，想独享这顿美味，

▲ （从左至右）

一头饥饿的雌性北极熊和它的幼崽将野生动物摄影师约翰·艾奇逊视为潜在的食物。

一头雌性北极熊和它的两个正在成长期的幼崽在岩石坡上捡拾食物残渣，而远离海滩上狂热喧嚣的盛宴。

这头饥饿的北极熊发现，要咬穿死海象的皮肤并非一件易事。

但奇怪的是，它似乎并不介意北极熊幼崽的出现，并能容忍幼崽在自己身边一同进食。而深知其中危险的雌性北极熊则在一旁坐立不安，不知所措。

"现在的问题是，冬天马上要来了，雌性北极熊将要在巢穴里度过整个冬天并喂养幼崽，可由于没有海冰，它在夏天的大部分时间里都无法捕猎，因此到了9月，它就会变得饥肠辘辘，距离冬天的捕猎季节还有好几个月，它不得不在这段时间内以腐肉为食。"

在弗兰格尔岛，食腐的机会正变得越来越多。在这里，大约有60%的北极熊都非常健康，能够吃饱喝足。虽然在北极熊的整个种群内，这并非普遍情况，但超出人类预计的是，在北极部分地区生活的北极熊依然有足够的食物来源，面对环境的变化也表现出了很强的适应能力。从地质年代的尺度来看，在过去的几百万年内，我们现在经历的气候变化并非首次出现。腐尸——尤其是鲸的腐尸——所提供的脂肪和蛋白质在温暖的间冰期内一直是北极熊赖以生存的营养。华盛顿大学的科学家们经过计算后得出的结果是：在夏天，假设有1000头饥肠辘辘的北极熊需要进食，那么8头巨鲸的尸体就能喂饱它们；而到了春天，北极熊们需要更多食物，那就需要20头巨鲸的尸体。俄罗斯的观测数据表明，楚科奇海的鲸尸已足够当地的北极熊生存，但在其他海域，则没有那么多的鲸尸。例如，在波弗特海南部，北极熊的生存现状就不容乐观，海冰的消失所造成的影响正在慢慢浮现，这一地区的北极熊亚种群正面临生存压力。总而言之，科学家们并不能确定地说，鲸尸能成为北极熊亚种群可以长期依赖的食物来源。在一个气候逐渐变暖的新世界里，这些生活在北极的大白熊需要面对层出不穷的新挑战：它们必须适应过度拥挤的海滩，在海滩上搜寻腐尸作为食物，并为了在这个新世界中继续生存下去而争得头破血流。

第3章

冰冻的山峰

观察地球仪可以发现，赤道贯穿非洲、亚洲、大洋洲和南美洲，将地球分为南北两个半球。在赤道周围的许多地方，海平面上的平均气温即便在清晨也能达到23℃。而到了下午，这里的气温就会突破30℃，湿度也会变得很高，同时会伴随倾盆大雨与电闪雷鸣。读到这里，你也许会问，这与冰冻星球又有什么关系？答案就在海拔5000米甚至更高的地方。世界上最高的几座山，即使是那些位于赤道附近的山，顶部也被冰雪覆盖。东非的乞力马扎罗山就是其中一例。乞力马扎罗山坐落于0°纬线以南仅330千米处，其中的基博峰高5895米，是非洲的最高峰。在乞力马扎罗山的山脚下栖息着东非最令人津津乐道的那些标志性野生动物，而在山顶则覆盖着一片永久的雪帽。在乞力马扎罗山的顶部，一年四季都有降雪，除了一些地衣之外，这里几乎没有其他植物生长。乞力马扎罗山是一个相当受欢迎的徒步胜地，对于那些徒步到山顶的人来说，他们每向山上爬升1000米的高度，周围的气温就会下降约6.5℃。同样，不论是地球上的哪座山，山上的空气都会随着海拔的升高而变得稀薄，气温也会下降。虽然在群山的顶峰上，人们只能看到一片由光秃秃的岩石、寒冷的冰与雪组成的荒凉景象，但一旦来到山坡上，便是一派生机勃勃的景象。在这里生活的每种动植物，都能完美地适应这个高海拔的冰冷世界。

◀ 乞力马扎罗山是一个靠近赤道的休眠火山群，有许多野生动物——例如安博塞利国家公园的这群长颈鹿——就栖息在这座山的山脚附近。然而，乞力马扎罗山的山顶上却覆盖着永久积雪。山中有着数量众多的生物栖息地，这些物种也包括生活在寒冷山坡上的野生动物。

寒风中的变色龙

▶ 变色龙并非生活在高山之巅的居民，但头盔变色龙却是高原生存专家。这种变色龙能栖息在海拔4000多米的地方。

　　肯尼亚山中的基里尼亚加峰是非洲第二高峰，仅次于乞力马扎罗山的基博峰。生活在肯尼亚山上的动植物也经历了一系列的气候变化。肯尼亚山脚下的年均气温为12℃，而山顶的年均气温则是零下4℃。肯尼亚山脚下的年均降雨量为870毫米，而靠近顶峰的山坡上年均降雨量则为1970毫米。这种陡峭的气候梯度导致植被随海拔的变化而急剧变化。低矮的山地森林在低处的山坡占主导地位，随着海拔的升高出现了一片竹林，更高处的山地森林则由针叶树和苦苏花、欧石南组成。再往高处，就是生长着乞峰千里木和硕莲的高山区。而到了4500米以上，山上就几乎没有任何植被，只剩下岩石和冰了。这几乎就像是一段从东非大草原来到斯瓦尔巴群岛北部的旅程，只是山上的这段旅程要短得多，而且在山上的每一个白昼都是夏日，每一个夜晚都是冬天。

▲ 刚刚降生的小变色龙必须在夜幕降临、气温明显下降之前，在灌木丛里找到一处庇护所。

▶ 肯尼亚山的山顶只有裸露的岩石和终年的冰雪，高山带则长满了高大葱郁的硕莲和乞峰千里木，这二者之间形成了鲜明的对比。植物甚至在海拔4500米的地方也能茁壮成长，而且随着气候变暖和冰川消退，植物在山上生长的位置越来越高。

如果仔细观察的话，就能发现隐藏在高山带植被中的头盔变色龙。头盔变色龙每天的生活都在漫长冰冷的夜晚和只有片刻温暖的白天之间大幅摇摆。对于怀孕的雌性头盔变色龙来说，在气温下降之前，它必须完成一整套分娩流程。

夜色带着霜冻覆盖了整片山坡。作为一种冷血动物，怀孕的雌性头盔变色龙必须让自己的身体在分娩前变得暖和起来。到了清晨，骤变就会发生——气温会在短短几分钟之内急剧上升。若想顺利分娩，它就必须抓住这个关键的时机，利用初升的暖阳使自己的体温升高，并且在夜晚霜降之前保持住体温。而在这之前，雌性头盔变色龙必须先饱餐一顿。

变色龙弹射舌头的速度可以在0.01秒内从0加速到97千米/时，它的舌头在伸出来后可以达到体长的两倍，顶端带有黏性的吸盘则可以抓住眼前的猎物。随后，雌性头盔变色龙就必须尽快让自己暖和起来了，它的时间非常紧迫，因为在它脚下的这座山上，每天只有几小时的温暖时光。雌性头盔变色龙会尽可能地爬到高处。为了使自己的身体升温的速度变快，它还会做出惊人之举：改变自己的体表颜色。雌性头盔变色龙的肤色变得越深，它的体温就会越接近适合分娩的温度。

分娩结束后，雌性头盔变色龙产下了6只完全成形、体形微小的幼崽。这些幼崽必须尽快找到一处安全的地方躲藏起来，不仅仅是为了躲避捕食者，更是要躲避夜晚的严寒。幼崽们会深入灌木丛的中心，那里的温度会比周边高上几摄氏度。就这样，雌性头盔变色龙又在这座高山上度过了忙忙碌碌的一天。在高海拔地区，无论是分娩，还是每日简单的捕食活动，大自然给予动物们的时间窗口都极其短暂。但如果动物们具备了适合的生存技能，比如像变色龙一样可以改变自身皮肤的颜色，那在这里顺利地生存就有了可能。

拍摄手记

肯尼亚山

在海拔4000米左右的地方找到并拍摄变色龙这种小型爬行动物，是《冰冻星球Ⅱ》摄制组的拍摄之旅中，所处海拔最高的经历之一。本次拍摄的现场导演是乌莎·阿明。

"我们的摄制组一共有4个人，其中有野生动物摄影师西蒙·德格兰维尔、延时摄影专家弗雷迪·克莱尔、埃克塞特大学的山地变色龙专家扬·斯蒂帕拉，以及我。我们开车到山脚下，在山的背阴处扎营。我们预计第二天的行程会很艰难，所以头天晚上睡个好觉很重要。我们在森林的呼啸声中沉沉睡去，哪怕疣猴在林间大声喧哗，发出呼噜呼噜的噪声也无法把我们吵醒！

"第二天早上，我们在登山向导伊莱贾·恩敦加的带领下出发。这是一支庞大的队伍，我们需要60多名搬运工将我们的拍摄设备和露营装备

▼ 摄制组前往变色龙拍摄地的途中，穿越肯尼亚山高寒地带的一片巨型硕莲。

搬上山。搬运工把所有东西都背在身上，包括一些装着沉重的相机和显示屏的大箱子。我们惊讶地看到，搬运工们穿着防水鞋，背着重物在我们前面健步如飞，与此同时，我们摄制组的4个人却只能慢腾腾地往上爬，因而深刻感受到在高海拔地区跋涉的劳累。这次徒步花了9小时，其中包括穿越一片在树线以上的荒地，这片荒地有个不祥的名字：'垂直沼泽'。它类似于英国荒野上那些海绵状的泥炭沼泽，人们必须在植被丛中快速通过，以防陷进去。

　　"到达下一个营地时，天色已暗，我们开始出现高原反应。我们的队伍中有两个人倒下了，我们差一点就准备让他们撤下山，但是伊莱贾是一名训练有素的山地救援人员与野外急救人员，我们受到了专业的悉心照料。在进食和休息之后，两位队员的情况迅速好转。这是好事，不然的话，搬运工就必须摸黑用担架把他们抬下山。随着太阳下山，山上的温度急剧下降，所以我们都钻进帐篷，爬进了温暖的睡袋。

　　"第二天，我们就开始拍摄变色龙了，看到我们对这种生物如此感兴趣，当地的肯尼亚人非常惊讶。

▼ 摄制组置身于星河下，在一个寒冷的霜降夜于肯尼亚山上露营。

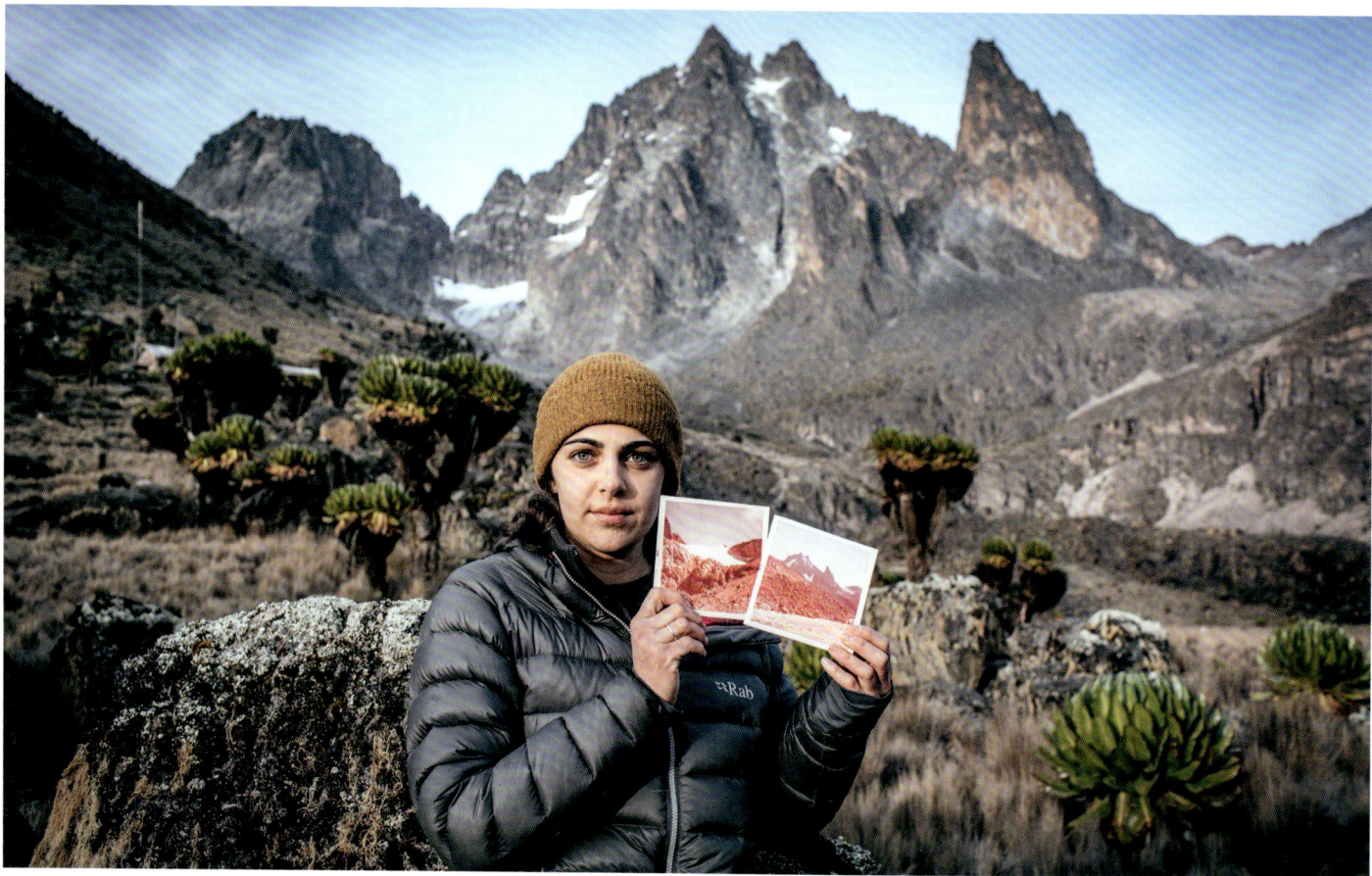

"在肯尼亚人的民间传说里，变色龙一直占据着很重要的地位。人们对变色龙怀有很深的疑虑，因为人们相信变色龙会给人带来厄运。"

奇妙的是，乌莎和她的团队来到肯尼亚后遇到的也是无穷无尽的倒霉事。先不说初到高原，摄制组便出现了高原反应，摄制组特意将拍摄时间定在1月的旱季，期望拍摄时的白天万里无云，夜晚寒冷有霜，但就和《冰冻星球Ⅱ》摄制组其他队伍的拍摄之旅一样，这支队伍也遭遇了意想不到的天气变化。

"在最初的几天里，我们没有遇到预想中的寒冷夜晚和晴朗白昼，而是连绵的雨。就连向导也说他们从未遇到过这样的情况。后来情况有了好转，白天的太阳和夜晚的霜都出现了。

"巧合的是，我的祖父和住在内罗毕的叔叔曾在1970年沿着我们正走的这条上山路线攀登过这座山。就在我们出发前，我的叔叔给我看了他那次探险活动中拍摄的照片。让我惊讶的是，相比照片上的景象，现在山上的冰和雪都少了很多。人们预计，冰川会在2050年左右彻底消失，而此刻它已经急剧缩小了；雨水则取代了当年我的家人们见到的白雪。我们这个家族见证的悲伤事件在警醒着人们：仅仅在一代人的时间里，我们的环境就发生了巨变。"

▲ 乌莎正手持她叔叔当年在同一地点拍摄的冰川照片，这张照片拍摄于50多年以前。

▶ 整个摄制活动都在肯尼亚山高耸入云的3座主峰的高山带进行。

鹰击长空之处

　　在热带山区，一天内就可以出现各种极端的天气，而在一些气候较温和的地区，天气则更多地随着季节的变化而变化。在欧洲的阿尔卑斯山，影响气候的因素更加多样：温和湿润的空气从大西洋上流入此地，冰冷的极地空气从北极地区和欧亚大陆流入。大陆气团在冬天常常寒冷而干燥，在夏天则变得特别炎热。因此，对于野生动物来说，它们必须抓紧一切有利时机让自己生存下来。

　　阿尔卑斯山是金雕之乡。在春夏之交，一对金雕会育有1~2只雏鸟。金雕的巢穴通常建在悬崖顶端。为后代觅食是金雕每天的首要任务，它们自有本领做好这件事。金雕的视力很好，能发现4千米开外的猎物，在抓取猎物的时候能以240~320千米/时的速度俯冲，这也使金雕成为世界上速度最快的动物之一。然而，如果山区里大雾弥漫或是暴雨倾盆，金雕也会无计可施。哪怕山区上空只是有些稀薄的晨雾或是低垂的云霭，空中的能见度也会大大降低，金雕就很难发现远处的猎物。尽管成年金雕可以在没有食物的情况下存活数日，但金雕的两只雏鸟每天都需要进食数次。有时

▲ 金雕全年都居住在高
  山上，它们已经完全
  适应了山地的环境，
  可以在雪中捕猎。

◄ 夏天已经到了，一只
  金雕正在窥伺山坡上
  的这只岩羚羊。

候，占据优势的头生子会得到大部分的食物，而次子则会死于饥饿。为了满足雏鸟的需求，亲鸟需要不断猎取新鲜的食物。

金雕是大型鸟类，翼展可达2.3米，体长近1米，体重接近6千克，是欧洲体形最大最凶猛的猛禽之一。不过，这么大的身体能在空中飞翔并非易事。当金雕从巢穴中起飞时，它们可以直接从山坡上俯冲下去，但如果金雕想从平地上起飞，比如说某次攻击失败后降落在高山草甸上了，想要再次回到空中，却出人意料的费力。这时，金雕需要用力振翅6~8次，然后滑翔2~3秒，一直重复这个过程，直到赶上一阵上升气流帮助自己起飞。随后，金雕就可以毫不费力地以48千米/时的巡航速度自在地在空中翱翔。

金雕可以借助两种不同类型的上升气流在空中飞翔，一种为热气流，另一种为由山地地形产生的地形气流。前者是上升的暖空气柱，后者则是在风被悬崖挡住时产生的。在阿尔卑斯山，金雕大多利用地形气流翱翔，这种地形气流的用处也不止于此，由陡峭的阿尔卑斯山谷和悬崖产生的上升地形气流还可以帮助金雕在空中搬运它们平时抓不起来的大型猎物。初夏是羱羊和岩羚羊产崽的季节。羱羊和岩羚羊的幼崽捉起来并不容易，羱羊和岩羚羊的新晋父母警惕性很高，并且都有具备攻击性的犄角。这种犄角对于金雕来说是致命的武器，但这并不能阻止金雕进行捕猎。

金雕主要在白天狩猎。然而在繁殖季节，金鹰最早会在日出前1小时就离巢，最晚会在日落后1小时归来。由于需要哺育后代，金雕必须最大限度地延长自己的狩猎时间。金雕会乘风翱翔，在植被覆盖的地面上空和悬崖周围巡

▲ 金雕利用被垂直悬崖
拦截的风形成的气流
翱翔于天空。

视，并第一时间扑向任何胆敢在它们视线范围内移动并暴露自己的猎物，比如阿尔卑斯旱獭或是阿尔卑斯松鸡之类的。

有时，一对金雕会合作捕猎，这种行为被称为"串联飞行"。在搜寻猎物时，体形较小的雄雕往往飞在雌雕前面，并且飞得更高。它们中的一只负责转移猎物的注意力，另一只则负责杀死猎物。

在对付有蹄类动物，例如岩羚羊时，金雕有时会用自己的鸟类本能来智胜这些大型猎物。在受到攻击时，雌性岩羚羊会把幼崽紧紧聚到一起，并将自己的身体用作盾牌来保护幼崽。岩羚羊族群联系紧密，雌性岩羚羊也会保护其他母亲的幼崽。如果金雕飞得太近，岩羚羊就会尝试用自己的犄角钩住金雕。为了在这场捕猎中占据上风，金雕必须以智取胜。

一对金雕中的先手会猛扑过去，让羊群惊慌失措，而另一只则在空中观察在这片混乱中是否有幼崽与自己的母亲走散了。一旦发现机会，这只金雕就会立刻出动，俯冲下去，伸出自己强而有力的利爪（金雕的爪子有两倍于人类咬合力的抓握力），掳走这只不幸的幼崽。随后，它就会在上升气流的帮助下，带着岩羚羊幼崽飞回巢穴。不过在返巢途中，金雕会有一些特别的举动。正在哺育雏鸟的亲鸟并不敢把还在奋力挣扎的岩羚羊幼崽直接带回巢中，唯恐猎物把自己的孩子从巢里踢出去。因此，金雕会飞到一处峭壁，松开利爪，让猎物自由下落。岩羚羊幼崽如同一袋铅石，沉重地砸落在岩石上，被地心引力夺走了生命，而这只岩羚羊幼崽接下来就会成为金雕雏鸟的美餐。金雕捕猎岩羚羊幼崽的频率至今仍不为人知。除了岩羚羊以外，金雕也有很多其他捕猎对象，例如旱獭、松鼠和野兔。到了秋天，金雕雏鸟已经离巢，这对金雕夫妇需要喂饱自己来挨过冬天，而这时的岩羚羊幼崽也已成长不少，体重远超金雕。到了这个时候，要再次捕杀岩羚羊幼崽就必须冒更大的风险。这时，金雕会转而在高空观察猎物，等到岩羚羊幼崽自己走到悬崖附近，金雕就会过去抓起幼崽，拖拽它越过悬崖，将它摔落谷底。

　　作为适应能力极强的捕猎通才，金雕可以在一年中的不同时间和不同天气条件下猎取猎物。然而，在山区养育子女依然是件难事，有大量的金雕雏鸟无法顺利出壳。即便如此，在大帕拉迪索国家公园人们仍然观察到了大量金雕猎杀岩羚羊的行为。在这里，一共有31对金雕，平均每32平方千米就有一对金雕，是世界上金雕密度最高的地区，因此一定有相当数量的雏鸟成功降生。

▼ 一只完全成年的金雕有着强大得令人难以置信的利爪，它的爪子的抓握力是人类双手抓握力的10倍，是人类咬合力的两倍。

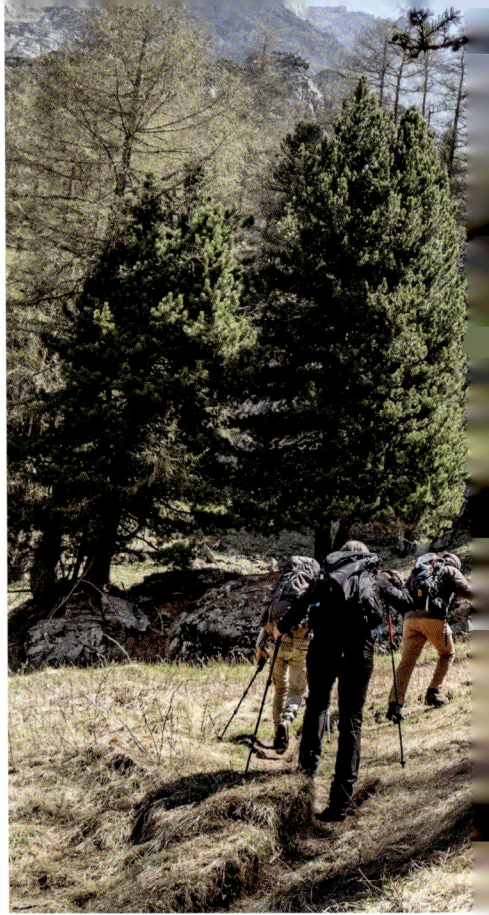

拍摄手记

欧洲阿尔卑斯山脉

▲（左）

照片背景中的大帕拉迪索山得名于大帕拉迪索国家公园。

（右）

一旦要拍摄群山，摄制组就要背着沉重的背包进行大量的登山活动。

金雕在我们的纪录片中出现了不到10分钟，但为了抓拍金雕那令人印象深刻的影像，摄制组投入了多年的时间和大量的工作。成片主要归功于法国电影制片人埃里克、安妮和韦罗妮克·拉皮耶，他们非常乐于分享自己积累多年的关于动物的知识。他们一家就住在大帕拉迪索国家公园附近，并且一直在国家公园内拍摄野生动物，其中就包括金雕。这次拍摄大获成功，不仅归功于他们对当地状况的了解、坚忍不拔的毅力，以及精益求精的野外拍摄作业，还包括一定的运气加持。这一切都是《冰冻星球Ⅱ》摄制组一系列拍摄探险活动的关键基础。摄制组负责人简·格林福德则在疫情带来的诸多限制下，肩负起了组织所有拍摄活动的艰巨任务。

"在这段时间里，外出摄制遇到的阻碍大了许多，光是让我们的团队到达拍摄现场就已经是一种了不起的成就，更不用说进行拍摄作业了。为了拍到金雕的镜头，我们一共组织了3次野外拍摄。在第一次拍摄时，我们与来自意大利的野生动物摄影师马尔科·安德烈尼及他的助手伊雷妮·焦尔吉尼合作。到了第二次拍摄时，我们组建了一支相当国际化的队伍，由于当时存在不可预知的各种旅行限制，我们办理了大量的证明文书。

▲ （右）
岩羚羊在陡峭的悬崖上也如履平地，就好像它们可以把自己牢牢粘在岩壁上一样。

"来自德国的野生动物摄影师罗尔夫·施泰因曼和我们BBC团队的导演乔·特雷登尼克与拍摄现场的法国和意大利成员会合了。当时发回的现场报告要么汇报每日艰难的徒步跋涉，要么记录了漫长而无事发生的时光。那时，我觉得这些报告是在夸大其词，直到我亲自前往拍摄现场。"

简参与了第三次拍摄。第三次拍摄时，摄制团队被分成了两组：一组前往金雕筑巢的悬崖边，另一组则去了阿尔卑斯山脉的Levionaz Dessous。简和摄影师奥吕·杰利还在海拔较低的位置拍摄，因此他们不得不从那里背着沉重的摄影设备走上陡峭的山路。

"我们非常依赖马尔科和当地护林员的关系，这样我们才能得到金雕和岩羚羊的最新情报。即便如此，我们也往往需要等上几小时才能看到岩羚羊和它们的幼崽。我和奥吕一起担任金雕观察员。在藏身处，奥吕的视野会受到很大的限制，所以每次有金雕朝他那里飞去，我就会通知他。一开始金雕显得非常警惕，但最终它们习惯了我们的存在，不再视我们为威胁。这对我们是个提醒，金雕确实有着超群的视力。

"就在那一天，我们之前所有的计划和努力都得到了回报，那是值得纪念的一天。一只金雕俯冲下来，用它的利爪抓起一只岩羚羊就掠走了。这一整场狩猎活动，包括最后金雕带着猎物回巢的部分，就发生在我们的眼前。我从未想过自己能亲眼看到这一切！"

山间野猴

▶ 在日本猕猴（又称
"雪猴"）活动的地
区，冬季气温能低至
零下15℃，积雪能超
过1米深。

　　请想象一下这样的景象：主干道的两侧堆着10米高的雪堆；水果和蔬菜被特意放在室外冷冻保鲜；树木上形成了厚厚的雾凇，看上去就像是巨大的"雪怪"；由于积雪太深，人们只能从天窗爬进自己的屋子……好了，可以停止想象了，因为在日本的八甲田山，居住在这里的人们每年都有将近一半的时间在经历这一切。在冬季，这里的降雪量比世界上其他任何地方都要多，这是自然界极为偶然的现象。因为日本海的对岸会升腾起潮湿的季风，并在一天之内向陆地倾倒2米多厚的积雪。然而有一种猴子却能在这样的环境下生存并茁壮成长。世界上大多数的猴子都生活在热带或亚热带，但日本猕猴却独树一帜。相比其他除人类以外的灵长目动物，日本猕猴有着更厚的毛皮，因此得以在气温低至零下15℃的严寒中生存。日本猕猴的栖息地偏向北方，其中最北部的猴群生活在本州岛极北处的下北半岛，即日本地图上形如斧头的区域。

　　日本猕猴通常在树上而非地面上过夜，这能防止它们被积雪埋没，并且猴子们会挤在一起互相取暖。日本猕猴还学会了在火山活跃处的温泉中泡澡来驱散冬季的严寒，这同时也能为它们放松。它们也会滚雪球取乐。在这里我们可以看到，地球上的冰雪圈和其中的生物是如何以人类难以想象的方式存在着。然而，在远离火山温泉的地方，日本猕猴的生活就不那么滋润了。

　　在被誉为"日本的阿尔卑斯山"的立山黑部北部，大雪纷飞，寒风凛冽。在这里，生命很容易被严寒摧折，对于一只刚离开母亲的幼年雄性日本猕猴来说则更是如此。

　　这只日本猕猴的弟弟妹妹出生时，它就被母亲抛弃了，它要独自面对它的第一个冬季。当其他新生的小日本猕猴还在享用新鲜温热的母乳时，这只被抛弃的雄性日本猕猴只能啃啃树皮，或者在河里搜刮碎屑度日，这就意味着它必须把爪子伸进冰冷刺骨的河水里。这只小日本猕猴也试着踏入另一个日本猕猴群的领地，但是又一次被排斥在外，此刻它一筹莫展。这时，这只小日本猕猴发现了另一只有着相同遭遇的日本猕猴，于是这两只孤独的日本猕猴结为伙伴，互相整理皮毛，这样的结盟可以增加它们生存下去的机会。

　　当暴风雪来临的时候，日本猕猴群中的所有猕猴都会聚集在一起，和自己的伙伴抱团取暖，但现在，这两只离群猕猴已经被日本猕猴群排斥在外。还好它们之间建立了新伙伴关系，所以也能挤在一起，将彼此的体温提升几摄氏度。像这种细微的温度差别在山中往往决定着生物个体的生死存亡。这时，又有几只离群的猕猴加入了它们，这支猕猴"兄弟连"互相扶持着，等待着雪融春来。到了那时，这些离群的猴子中的幸运儿会成为新猴群的领导，而不幸者则不得不再一次想方设法在天寒地冻中挨过一年。

小日本猕猴们在冬日的暖阳下玩耍

雪崩

在山区，除了刺骨的严寒和失足坠崖外，雪崩是对人类和野生动物最大的威胁。雪崩是冰冻状态下的水从山顶落至山脚下的两种方式之一，而另一种则是冰川的缓慢运动。这两种自然现象都是从降雪开始的。

降雪在山峰上十分常见，山下的温暖水蒸气会升入山上的冷空气中，水蒸气在高空冷凝后，由于四周非常寒冷，所以不会变成雨，而是以雪的形式降下。世上没有两片雪花是相同的，每片雪花都有自己独特的形状。一层又一层的降雪堆积在山坡上变成积雪，总有一刻积雪会变得不稳定，形成威力巨大的雪崩，吞没崩落时沿途的一切。

雪崩是在积雪、地形和天气的共同作用下形成的。这三者同时作用时，雪的稳定性就会被破坏。只要条件适宜，雪崩可能发生在山区的任何位置。但在一年中的某些特定时刻，例如冬末或是隆冬时，突如其来的暖流会使积雪有些融化，此时雪崩就更容易发生。此外，在某些特定的地点雪崩也更容易发生。例如，在北半球，朝南的山坡就比朝北的山坡更易发生雪崩。雪崩就像是汽车挡风玻璃上的积雪会出现的情况。在天气寒冷的时候，积雪会粘在挡风玻璃上，但当温度上升时，它就会成片地滑落，这种现象就是发生在挡风玻璃上的微型雪崩。

大型高山发生雪崩时，会有超过10万吨的积雪以接近160千米/时的速度从山坡上滑落下来。雪崩发生的频率之高令人惊讶。全世界每年可能发生多达一百万次雪崩。大型雪崩往往是自然发生的，小型雪崩则可能由滑雪引起，小型雪崩反而更致命。

整个雪崩路线可划分为3个主要部分。第一部分是形成区，形成区通常位于山坡较高处，不稳定的积雪在此裂解，开始向山下移动。第二部分是通过区，也就是积雪滑落的路线。大片的森林中没有树木的部分可能就是积雪常走的路线。第三部分是堆积区，雪崩过程中沿途积起来的雪和树木碎片之类的碎屑都会在这里堆积。

毫无疑问，雪崩具有毁灭性，生态学家称之为"干扰"，但它也能给周边环境带来积极影响。它能让水分和养分得到重新分配，开辟出新的栖息地。例如，高山草甸可以出现在山地森林中，增加动植物的多样性。有些植物在针叶树的遮蔽下无法正常生长，现在它们晒到了太阳，开始萌发，于是更多的食草动物有了食物，进而食物链更上游的动物也有了食物。积雪滑落的路线上也不会有厚厚的积雪了，因此山羊和鹿，如高山驯鹿，经常会在这一地区游走，食用裸露在外的低矮植物。

那么动物能预测雪崩，从而提前撤离吗？有一些证据表明它们也许可以。许多动物都能探测到次声波，这是一种人类听不到的低频声音。它们有时会用次声波进行交流。它们还能探测到瑞利波，瑞利波是一种表面波，它在地面传播的速度是声速的10倍。雪崩过程中会产生这两种波，所以一些动物能提前收到警报。另外也很少有动物会在这么深的雪地里寻找食物，它们一般早就去其他地方觅食了。虽说如此，但在美国，据估计仍有大约15%的高山驯鹿死于雪崩，显然它们没有收到警报。话说回来，雪崩也是动物一部分食物的来源。研究发现，貂熊会定期巡视雪崩的通过区以寻找新鲜的腐肉，它们还会在堆积区的雪堆和石堆中挖掘繁殖穴。

春天，通过区也会吸引棕熊前来。这里的积雪比森林里的雪融化得更早，当棕熊在早春醒来时，它们主要从通过区挖富含淀粉的白蕊猪牙花（又称雪崩百合）的根吃。在北美的哥伦比亚山脉，约有40%的棕熊在春天养成了这种习惯，它们在春天醒着的时候，大概有60%的时间都会在通过区度过。对棕熊来说通过区也不只是觅食区，一项研究发现，在美国蒙大拿州北部的天鹅山脉，雌性棕熊经常在通过区闲逛，等待雄性棕熊出现。雪崩也为棕熊提供了一个约会场所！

◀ 无人机操控员拉斐尔·布德罗-西马尔和马特·霍布斯戴着VR（虚拟现实）眼镜操纵无人机。

拍摄手记

加拿大落基山脉

▼ 在一次试飞中，摄制组操纵FPV无人机尽可能地靠近雪崩中的大团落雪。

　　为了拍到让人有身临其境之感的雪崩景象，这一集的制作人亚历克斯·兰彻斯特希望能跟拍正在进行中的雪崩，而一场雪崩的持续时间一般不超过2分钟。无人机操控员拉斐尔·布德罗–西马尔欣然接受了这一挑战，与现场制作人兼摄影师马特·霍布斯一起工作。马特负责记录精确到每分钟的气象数据与协调现场运输，并且他还需要从地面位置拍摄雪崩，拉斐尔则操作无人机。拉斐尔选择了FPV（第一人称视角）无人机来进行这次拍摄。这种无人机也被称为竞技无人机。

　　"我用VR眼镜来观察无人机拍摄到的画面。"拉斐尔解释说，"VR眼镜可以让操作员更好地估测地形，以及估计被摄物体和无人机之间的距离，这样操控员才能让无人机离被摄物体更近，拍摄出一些让人有身临其境之感且绝无仅有的画面。"

▲ 当雪加速崩落时，落
雪体积增加的速度也
会加快，并且如果雪
崩落的速度足够快，
那么下落的雪也会与
空气混合，变成粉状
的雪崩。

　　拉斐尔继续说："当我第一次研究我们要拍摄的山脉时，我马上就意识
到我们会用到FPV无人机进行拍摄。哪怕不考虑跟拍雪崩，正常使用无人机
拍摄时无人机的飞行距离与飞行时间也已经是一大挑战了。我们使用了更高
效的螺旋桨、容量更大的电池和收信能力更强大的天线，确保了无人机有足
够长的飞行时间和稳定的视频信号。无人机拍摄还会遇到一个问题：发生雪
崩时，周围的空气会非常湍急紊乱。因此，想要知道无人机能否胜任拍摄任
务，我们只能进行试飞。在一开始，我们飞得比较保守，随着我们逐渐建立
起信心，无人机飞得离雪崩现场越来越近。幸运的是，我们摄制组的成员都
才华横溢，大家都知道，精诚合作，金石为开！"

◀ 摄制组使用较为传统
的器材远距离拍摄雪
崩的场景。

　　"我们的团队拍摄了一些非同凡响的镜头。"亚历克斯说，"这些画面
向我们直观地展示了雪崩的可怕力量，也向我们展示了山中的环境是多么变
幻莫测。"

冰之河

▲ 高山冰川会跨越好几座山峰从冰原上流淌下来，当高山冰川经过山谷时，人们便会因地形将其称为谷冰川。

在年降雪量超过融化量的地方，经年的雪会随着时间的推移堆积起来，于是就形成了冰川。上层积雪压力巨大，把下层积雪挤压成了质地坚硬的致密冰层。不仅如此，雪崩也会带来积雪，这也促使冰川形成。乍一看，冰川似乎是静止不动的，但延时摄影的画面显示，冰川也会运动，它就像是一条由冰组成的河，最快能以每天50米的速度滑行，而且无论漂向何方，这条冰之河都有改变地貌的巨大力量。

高山冰川和雪崩一样，都会往低处走，路径通常都沿着山谷。冰川在向下移动的过程中，不可避免地会挟带着沿途的一些碎屑，例如岩石和巨砾。正是这些砾石，而非冰川本身，雕刻出了不同的地貌。比如，一个陡峭的"V"形山谷会被一座主冰川侵蚀成一个更宽更深的"U"形山谷，而从其他方向流入山谷的支冰川则会刻蚀出一些小山谷，挂在主冰川谷的上方，称之为"悬谷"。

　　近期的研究表明，冰川移动的速度和冰川所在地的气候会影响冰川切入基岩的速度。而降雪则是最强大的整平机。如果冰川的冰被冻结在基岩上，那么冰川的运动就会受到限制，侵蚀作用也会很小；相反，如果冰川可以更自由地移动，那么冰川就会有更大的侵蚀作用。最具侵蚀性的冰川多位于气候温暖的地带，如阿拉斯加。那里冬季的降雪量较大，气温可高达0℃左右。而在那些降雪量小、气温远低于冰点的地方，如南极洲，冰川的侵蚀作用就比较小。

　　冰洞是冰川的独特景观之一，冰洞的出现尤为让科学家们好奇。每当有水流穿过冰川或流经冰川之下，就会形成一个洞穴或一条隧道。这些洞穴和隧道都是动态的，会随着冰川的运动而变化，随时都有崩塌的危险。在许多地方，冰川上的洞穴都呈现出一种鲜艳的蓝色。这是冰被极限压缩产生的效果：冰川内部绝大多数的大气泡在冰川运动造成的内部挤压中被挤出，冰川因此会吸收除了蓝光外的所有可见光，单单散射出蓝光。

冰岛布雷扎马库尔约库尔（Breiðamerkurjökull，又称瓦特纳冰盖雷马鸟尼库尔冰川）冰川上的冰洞

爱捣蛋的鹦鹉

　　新西兰有3100多座冰川，南岛的塔斯曼冰川（又叫豪帕帕冰川）长23.5千米（一说28.9千米以上），是其中最大的冰川，尽管它也如同世界各地的其他冰川一样正在迅速消融。这座冰川与新西兰的其他几座冰川有着格外引人注意的特点：在这些冰川上生活着一种不同寻常的动物，即世界上唯一的高山鹦鹉——啄羊鹦鹉。啄羊鹦鹉是一种极富个性、顽皮好动的鸟类，也是唯一生活在雪线以上的鹦鹉。

　　啄羊鹦鹉异乎寻常的聪明。这是环境使然，因为它们必须适应山区的环境，从而生存下来。它们会吃任何勉强可以食用的东西，包括腐肉和滑雪者背包里的食物。在不择手段寻找食物的过程中，啄羊鹦鹉学会了如何撕下橡胶密封圈，如何进入汽车搜刮物资，还有一些个体已经学会了如何掀开滑雪场的垃圾桶盖子，寻找垃圾桶里面的食物残渣。一旦

◀ 当橄榄绿色的啄羊鹦鹉起飞时，我们能瞥见一瞬它们翅膀下颜色鲜亮的羽毛。

▶ 啄羊鹦鹉的羽毛有一层黑色的衬里，这让它们的羽毛看起来有种鱼鳞般的质感。

有一只啄羊鹦鹉得手了，其他啄羊鹦鹉就会在一旁观察学习，而接下去，这些啄羊鹦鹉都开始有样学样了。如果有一只啄羊鹦鹉碰巧得了食物，比如羚牛的尸体（羚牛是从喜马拉雅山区引入新西兰的一种类似山羊的动物），那么一大群啄羊鹦鹉都会被吸引过来。在啄羊鹦鹉之间，叽叽喳喳的玩闹叫声可以用来调停争吵，这种叫声相当于啄羊鹦鹉的笑声。这种声音会引起啄羊鹦鹉之间的一场疯狂玩闹，在玩闹的过程中，一只啄羊鹦鹉可能会像小狗一样仰卧在地，而其他同伴则会蹦到它的身上。

一旦有机可乘，啄羊鹦鹉也会主动捕食。啄羊鹦鹉会仔细聆听鹱的雏鸟从巢穴里传来的叫声，随后便闯入鹱的巢穴捕食雏鸟。啄羊鹦鹉因它们奇怪的行为而声名远扬，准确地说是恶名昭著。在19世纪60年代初，有人报告称，他们在圈养的绵羊的臀部和身体两侧发现了啄羊鹦鹉袭击留下的伤口。起初，人们还认为这不过是一则市井传说，但在1868年，一位牧羊人和他的同伴亲眼看到了正在袭击绵羊的啄羊鹦鹉，科学界才勉强接受了这一说法。与查尔斯·达尔文在同一时期提出自然选择学说的阿尔弗雷德·拉塞尔·华莱士在他的著作《达尔文主义》中引述了这起事件作为自然界动物行为变化的例子，但这真的能反映出啄羊鹦鹉的行为变化吗？

在啄羊鹦鹉一度栖息的北岛，人们发现了一处遗址。在遗址中有一块距今4000年的恐鸟化石，这种不会飞的大型鸟类在人类到来后迅速灭绝。人们在骨骼化石的骨盆部位发现了伤痕，而该伤痕与啄羊鹦鹉的喙形状吻合。啄羊鹦鹉会不会仅仅只是换了一种猎物，而非改变了自己的习性？啄羊鹦鹉长着又长又弯，如鹰隼的喙一般锋利的喙和强有力的爪子，因此可以对猎物造成严重的伤害。随着恐鸟的灭绝，啄羊鹦鹉的猎食目标就变成了绵羊，尤其是绵羊皮下丰厚的脂肪。脂肪对于鸟类来说尤为重要，尤其是像啄羊鹦鹉这种在恶劣环境中生存的鸟类，我们也能看到这样的攻击行为在食物匮乏的冬季更为常见。早在19世纪，啄食绵羊的行为就让啄羊鹦鹉变成了人类的头号公敌，啄羊鹦鹉被枪杀或毒杀，几乎要灭绝殆尽。如今，啄羊鹦鹉受到保护，这种曾被蔑称为“山中小丑”的鸟类，其行为并不同于滑稽可笑的小丑，一些啄羊鹦鹉已经学会了如何使用工具。

远程摄像头拍摄到的画面显示，啄羊鹦鹉会用树枝去试探抓捕白鼬的兽夹。啄羊鹦鹉会试用好几根树枝，找其中最合适的去戳。兽夹上放有诱饵，这个诱饵被啄羊鹦鹉视为食物。不过兽夹上的诱饵经常没被吃掉。大概是因为兽夹合上时发出的巨响惊吓到了啄羊鹦鹉，它们往往会扔下食物，惊恐地飞走。

安第斯山脉上的大猫

体形上的差距并不能打消美洲狮想放倒一头成年原驼的念头。

安第斯山脉将南美大陆分割成两块。美洲狮就是在安第斯山脉一带出没的顶级捕食者。在安第斯山脉南部，它们的主要猎物是原驼。原驼是新大陆（指南、北美洲）上的骆驼科动物，也是大羊驼的野生远亲。美洲狮和原驼都有很好的伪装能力，但在黑夜持续长达15小时的冬季，美洲狮明显有更大的生存优势。美洲狮眼睛中的视杆细胞较多，视锥细胞较少，因此在光线较弱、无法辨认颜色的情况下，它们的视觉也能很好地发挥作用。这种情况也是适合美洲狮外出狩猎的时机，同时山坡上还几乎没有什么可以藏身的地方。

原驼通过聚集成群，在上坡处过夜来应对美洲狮的威胁。面对威胁时，原驼只需四散奔逃，就能让捕食者在一瞬间丢失目标，这点时间足够让原驼逃出生天。原驼的奔跑速度可达64千米/时（一说56千米/时），而原驼的软底蹄使它们在崎岖的地形上也具有良好的牵引力。此外原驼还善于游泳，走水路逃生也是一个选择。原驼基本上都是运动健将。

然而美洲狮是善于伏击的捕食者，它们会利用掉落的岩块、隆起的砾石或是任何植被藏身，因此它们可以出其不意地袭击并捕获原驼。美洲狮可以在极短的时间内爆发出80千米/时的速度，它们的后腿很长，可以跃起大约5米高、12米远。原驼的体形比美洲狮大得多，但美洲狮可以跳到原驼的背上，扼住原驼的脖子，紧咬不放，并利用自己强有力的前肢，最终将原驼制服。但原驼也是强壮的动物，它们也会对美洲狮的袭击进行激烈的反抗，这种殊死搏斗有时也会以原驼的逃跑告终。

原驼总是成群结队地迁徙，母原驼总是和自己的孩子们待在一起，而青年或是没有配偶的公原驼则会自己组成群落。

拍摄手记

智利巴塔哥尼亚

　　为了拍摄到这些神秘猫科动物的活动，导演乔·特雷登尼克和他的摄制组，其中包括女摄影师海伦·霍宾，一同前往与百内国家公园毗邻的一座私人牧场——拉古纳·阿马加牧场。在这座牧场上栖息着大量的美洲狮。在野外拍摄的第一个晚上，摄制组到达还不到半小时，就听到无线电传来的消息，摄制组的向导已经发现了一只美洲狮正在吃原驼。

　　"我站在安全距离外，"乔说，"这是我第一次看到活的美洲狮，还是在这么近的距离！一般来说，在山区拍摄野生动物时，野生动物都很怕生，经常是等了几个星期，也只能看到它们一闪而过的身影。但这只美洲狮对我们完全没有敌意，当我们还站在那里的时候，它也能泰然自若地继续进食。"

　　这个片段的大部分拍摄工作都是在夜晚当大猫们外出捕猎时进行的。在这个以漆黑的夜闻名于世的地方工作实际上困难重重。

　　"我们利用红外热成像仪（这种仪器可以捕捉到动物的体温）来扫描几千米外的动物，"海伦

回忆道，"寻找热信号，检视动物的轮廓和步态，来确定它是狐狸、野兔还是美洲狮。画面还挺阴森恐怖的。借助热成像技术，我们可以看到狩猎中的美洲狮和警戒中的原驼仅仅相隔数米，原驼来回走动，对美洲狮的存在毫无知觉，这是因为风一直在呼啸，削弱了它们的嗅觉和听觉。"

不过，乔指出，大多数夜晚的工作都并不像这样一帆风顺。

"与第一晚不同的是，我们并没有在刚一入夜就找到我们想要拍摄的大猫。更多的时候，我们需要搜寻数小时，往往要在午夜之后才能找到一只美洲狮。一声'大猫！'能让大家既兴奋又欣慰。但也有好几个晚上，我们连一只美洲狮都没有发现。我告诉你，在风速可以高达80千米/时的暴风雨里徒步长达16小时，在一片漆黑中搜寻野生动物并不是什么好玩的事情。

"这个地方的天气极为变化无常。我们架设了延时摄影机来捕捉景色宜人的日落，又不得不在20分钟之后从暴风雪中撤下设备。变化最极端的还是这里的风。向导们说，这里的风吹车门的时候就像是有人在使劲儿关窗户。他们说的没错。从风平浪静到80千米/时的狂风只要几秒，快得令人瞠目。而一旦风力全开，这场风就会持续一整夜，直到温差消失，风才会平息。这只是在这片寒冷的安第斯高原与广阔温暖的太平洋之间的夹缝中工作的危险之一,而生活在那里的人们对此已经习以为常。向导们建议我们要始终迎风停车,否则一打开车门,车门就会被风扯下来。不过迎风停车的话,大风也会非常粗暴地关上车门,就像有人使大劲儿关一个大窗户一样。"

海伦发现,强风对架设在地面和空中的摄影设备都造成了严重的损坏。

"团队中的一位专门追踪野生动物踪迹的成员说,有一天风力大到直接把他的车窗玻璃给扯碎了。他告诉我们,在智利有这样一个说法:'如果你不喜欢眼前的天气,那就等上5分钟。'于是我们就围成一团保护地上的相机,用背部挡着风,防止相机晃动。在这样的天气里操纵无人机也绝非易事,我们不仅要留心突如其来的倾盆暴雨,与狂风搏斗,还需要持续追踪一只一直跑来跑去的大猫。除了无人机机身上闪烁的小灯,无人机上的红外热成像仪是唯一能让人知道无人机方位的线索,但在地形起伏连绵的地方飞行,红外热成像仪进行深度探知非常困难。我们永远无法预知一场狩猎的关键时刻会在何时出现,于是我们的无人机总是处在降落、更换电池和从斜坡上重新起飞的过程中,所有的事情还都得摸着黑做!"

尽管天气恶劣,乔和他的团队还是有幸目睹了一些不同凡响的事。事情发生在某个夜晚,在那时,乔和他的团队正在跟踪一只刚脱离母亲独立不久的雌性美洲狮。这只美洲狮捕猎原驼的时候屡屡失手,一定已经饥肠辘辘了。拍摄团队追踪这只雌性美洲狮到了另一处猎杀现场,这里的原驼死于另一只更年长的雌性美洲狮之爪。队员们在茂密的草丛中安顿下来,并小心地避开生活在此地的危险的黑寡妇蜘蛛和隐士蜘蛛,随后他们就近距离全程目睹了这两只美洲狮不同寻常的行为。

"我们遇到的那只年轻的美洲狮走近了正在进食的年长雌性美洲狮。起初,它受到了冷遇,但它还是坚持留了下来。它待在几米外,等待年长的雌性美洲狮吃饱。最终,年长雌性美洲狮的敌意消退了,那只年轻的美洲狮一点点接近,直到它可以够到食物并吃上一口。随后,这两只美洲狮就相安无事地一同进食。到了凌晨3点左右,第三只雌性美洲狮也加入了进食的行列,紧接着,一只体形较大的雄性美洲狮也来进食了。被这么多美洲狮包围的感受真是无与伦比。当然,我们只能通过摄像机和热成像瞄准镜看到它们,如果只用肉眼凝视这片黑暗,就只能听到细微且有些令人毛骨悚然的咀嚼骨头的声音,能听出来这些美洲狮离我们很近。当晚最后的奇观就发生在黎明前,其中一只雌性美洲狮与雄性美洲狮离开了狮群,在短暂而吵闹的求爱仪式之后,它们开始交配。不仅对于我们整个摄制组,甚至对于向导来说,这都是一次千载难逢的经历,大家百感交集。随着黎明破晓,美洲狮们都四散离开去睡觉消食了,我们的相机电池和食物也消耗殆尽,我们想是时候收工返回基地了。"

乔和他的拍摄团队目击的事件对于科学界来说是新发现。原来,独居的美洲狮也秘密地进行着社交活动,美洲狮会与邻居们分享食物,它们还会更倾向于把猎物分享给曾经也分享过食物给自己的个体。摄制组发现,年长的雄性美洲狮和雌性美洲狮是最擅长交际的,如果雄性美洲狮向雌性美洲狮提供保护,那么雌性美洲狮就会与雄性美洲狮分享食物,在求爱季节也会让它们优先。这些社交行为都不是短暂的接触。在冬季，美洲狮们会共同享用一只猎物约一周或直到猎物被吃光。而每过10~12天，美洲狮们还会互相碰面。总的来说，这次拍摄大获成功，而这一切都要归功于高瞻远瞩的拉古纳·阿马加牧场现任主人，托米斯拉夫和胡安·戈伊奇·乌特罗维奇兄弟。

"这座牧场本身就相当了不起。"乔说，"在这里生活着种群数量庞大的美洲狮，这反映出对于美洲狮保护的正反两面的现实。有这么多美洲狮共同生活在这座牧场里的原因很简单——它们没有受到牧场主的追猎，而且牧场也给野生食草动物提供了广阔的生存空间，食草动物们可以在这里悠闲吃草。这样的情况也没有对牧场主的畜牧业造成太大影响，而且牧场的生态旅游业也发展得不错。但消极的一面则在于这样一个事实，生活在这里的美洲狮是一个健康而相当孤立的种群。如果这些美洲狮离开牧场的话，除非它们进入毗邻的国家公园（它们在那里受到保护），不然在别的地方，它们被当作害兽杀死的风险非常高。因此，这座牧场就像是一座被危险的海域包围的安全岛。"

▼ 拉古纳·阿马加牧场周围的野生动物，包括原驼和美洲狮，对野生动物摄制组的出现非常包容。

冻僵的火烈鸟

人们通常认为火烈鸟会栖息在地球上较为温暖的地区，但有3种火烈鸟却生活在安第斯山脉以西的沙漠地区，它是世界上海拔最高、最干燥、最寒冷的沙漠之一，即阿塔卡马沙漠。生活在这里的火烈鸟有着惊人的适应能力。秘鲁红鹳（又称秘鲁火烈鸟）和安第斯红鹳（又称安第斯火烈鸟）一年四季都栖息于此，而智利红鹳（又称智利火烈鸟）只在夏季造访，但为什么它们会来到这样一个荒凉的地方呢？这当然是为了食物。

火烈鸟会把自己的喙倒转着浸入水中，舌头以每秒6次的频率抽动，以滤出卤虫、硅藻和蓝细菌。不同种类的火烈鸟有着不同形状的喙，可以用来过滤出不同的食物。秘鲁红鹳与安第斯红鹳的上喙沟很深，秘鲁红鹳的喙每厘米就分布着22个滤片或细毛用来过滤食物，而安第斯红鹳的喙上每厘米也有9~10个滤片或细毛。这两种火烈鸟主要食用直径在0.6毫米和0.8毫米之间的硅藻。而智利红鹳的上喙沟比较浅，喙上每厘米分布的滤

片只有5个，它食用尺寸更大的卤虫和其他无脊椎动物。因此这3种火烈鸟可以和平地分享同一片觅食区域。这些火烈鸟各自的猎物有着不同的行动速度，这也会反过来影响3种火烈鸟的行为。大小在0.6毫米这个级别的硅藻显然行动迟缓，因此成年的秘鲁红鹳会以每分钟10~15步的步伐行走。安第斯红鹳的步速提高到了每分钟20~30步，而智利红鹳则会以每分钟40~60步的速度奔跑，从而搅动湖底沉积物中的无脊椎动物。

　　火烈鸟是一种群居鸟类，无论做什么事，如觅食、筑巢、繁殖、睡觉，它们都会成群结队一起完成。在一个群体里，只有大多数火烈鸟都想做同一件事，比方说繁殖，它们才会安顿下来一起去做。哺育一只雏鸟需要耗费成鸟极大的精力，一群火烈鸟同时一起哺育后代就会事半功倍。当成鸟悄悄抛弃雏鸟时，雏鸟们就能够聚集到巢穴中寻求庇护和取暖。这些火烈鸟雏鸟同其他大多数鸟类一样，需要在夜晚休息。对于这些雏鸟来说，最安全的栖息地是浅水湖的中央。捕食者不太可能惊扰到这些雏鸟休息。它们的两瓣大脑是轮班睡觉的，所以这些鸟的警惕性很高。虽然没有捕食者惊扰，但随着冬季的来临，夜间温度会骤降至冰点以下，湖面会结成坚冰，到了早上，鸟儿们醒来后会发现自己的腿被冻在了湖中动弹不得。火烈鸟们不仅被困于此，食物来源也被彻底断绝。因此，它们别无选择，只能等待冰面消融，再把腿从湖里拔出来。

▶ 一只火烈鸟雏鸟已经
能够挣脱湖面的冰
层，但羽毛上垂挂的
冰柱让它难以起飞。

▼ 在夜晚，火烈鸟会蜷
缩在一起取暖，但无
法避免湖面结冰的危
险。湖面一旦结冰，
它们就会被困住。

清晨时分，湖面终于开始解冻，但雏鸟的羽毛上结满了冰块，它们因此慌了阵脚。最后，年幼的火烈鸟奋力挣脱了冰面的束缚，但羽毛上沉重的冰块却往下拽着它们，让它们无法飞起来。直到气温升高，开始起风，冰冷的桎梏融化殆尽，雏鸟们才腾空而起，逃离了这座冰冷的囚笼。

火烈鸟喜欢蜂拥至偏远的栖息地还有另一个原因：不管是非洲的碱性湖泊，还是安第斯山脉上的冰湖，捕食者的数量都很少。火烈鸟的长脖子不仅方便它们觅食，当火烈鸟直立起脖子后，还能拥有极佳的高处视野用来观察湖面，它们可以轻易看到几千米外正在接近的捕食者。毋庸置疑，火烈鸟是一种不同凡响的动物，但山区的冰雪却往往令它们束手无策。按说，当湖面开始结冰，空中的捕食者可以俯冲到冰面上，任何4条腿的野兽也都可以轻松地在冰面上行走，它们都可以来到冰面上，轻易吃掉被困在冰层中的火烈鸟，这是火烈鸟栖息于此的巨大代价。但奇妙的是，捕食者的确没有发现此处的火烈鸟天堂。看来，栖息地的偏远位置确实发挥了隔绝天敌的作用。

大消融

▶ 大理石峰位于喀喇昆仑山脉两座冰川的交汇处，这两座冰川是巴尔托洛冰川（左）和戈德温－奥斯汀冰川（右），后者通向乔戈里峰（K2，世界第二高峰）山脚。

安第斯山脉是在除亚洲以外的地区最长、最高的陆地山脉。它形成的年代较晚，海拔之高令人印象深刻。安第斯山脉中最高的峰是阿空加瓜山，这是一座死火山，海拔为6960米，是整个美洲的最高峰。如同安第斯山脉其他地方的冰雪圈一样，阿空加瓜山的山坡上也有几座冰川，此外还有南北巴塔哥尼亚冰原，这里是南半球除了南极洲之外最大的冰区。但就和世界上其他地方的绝大多数冰川一样，许多安第斯山脉的冰川正在以惊人的速度消融。

冰川融化现象很常见，这是自然界水循环过程的一部分。海水从海洋中蒸发形成云层，云层被吹向内陆，形成雨雪落在山上，最终变成冰川；冰川融化后的融水，汇入山上的其他径流并最终流入大海。整个循环过程周而复始。但现在的问题是，冰雪融化的速度比冰川形成的速度更快，许多冰川正在逐渐缩小。由于冰川融水是淡水，我们在计算海平面上升高度时，必须把融化的高山冰川与融化的格陵兰岛和南极冰盖加总在一起。不过，世界上有一个地方的冰川面临的风险较小。

喀喇昆仑山脉上的许多巨大冰川状态出奇地好。这些冰川得以留存的一个原因是，它们往往被很薄的碎石层所覆盖，这似乎使它们不会融化。这样的情况与相邻的喜马拉雅山的冰川截然不同，喜马拉雅山的冰川上覆盖着一层由工业活动产生的深色煤烟，这导致它们会吸收更多的热量，因此融化得更快。卫星照片显示，在过去的40年里，与邻近的喀喇昆仑山脉冰川不同，喜马拉雅山的冰川消融了约1/4，而且冰川的流失速度还在加快。喜马拉雅山的冰川在2000—2016年期间流失的冰量是1975—2000年期间的两倍。因为即使是在这些偏远、人迹罕至的山区，人类活动的影响也十分深远。

除了对野生动物的影响之外，冰川的消失还威胁着人类的供水。印度河和长江等大河的源头都是冰川融水，但在不久的将来，冰川融水可能会造成灾难性的后果，原因并非融水太少，而是融水太多。在正常情况下，冰川融化的水首先汇成潺潺山溪，然后流入滔滔江河，为人们提供饮用水和农作物灌溉用水，但冰川的急速融化则是非常具有破坏性的。溃决的冰川湖已经冲毁了尼泊尔的多个村庄，造成了人员的伤亡。现在已有证据表明，冰川正在自内部变暖，大量的冰已经接近融点。一份报告称，如果不大幅减少化石燃料的排放，到2100年，喜马拉雅山的冰层可能会减少66%，昔日被冰雪覆盖的山峰将裸露出光秃秃的岩石。

世界上有近22万座冰川，占据了约11%的陆地面积。但其中的许多冰川，例

▲ 拉达克地区某座村庄里用于储水的冰塔。

◀ （上）
巴尔托洛冰川表面覆盖着一层尘土，这有助于在气候变暖的情况下阻止冰川融化。

（下）
喀喇昆仑山康科迪亚地区的冰川裂隙纵横交错。

如喜马拉雅山上的冰川正在逐渐消失。联合国的报告显示，在未来少雪甚至无雪的情况下，一些较小的冰川，例如在非洲的山脉顶峰处的冰川，可能会在接下来的短短20年内完全消失。非洲的温室气体排放量只占全球温室气体排放量的4%，但非洲人却要承受气候变暖的代价。一旦乞力马扎罗山、肯尼亚山，以及位于乌干达和刚果民主共和国国界上的鲁文佐里山上的冰川区域消失，一亿多人将会面临干旱、粮食短缺和流离失所的困境。

　　然而未来并非一片灰暗。生活在拉达克地区的寒冷沙漠和智利安第斯山脉地区的人们也面临着同样的问题。在那里，冰川的融化速度太快，到夏季，人们会缺水。他们想到的解决办法是建造人工冰川。在冬季的夜晚，人们在地上喷水来建造起高高的冰堆，并把这些冰堆称为"冰窣堵波"，得名于佛教的特有建筑窣堵波。这些人工冰川在夏季会慢慢融化，可为人们提供农业用水和饮用水。尽管冰窣堵波的规模很小，但这仍然不失为一种简单而有效的方法，能在一定程度上解决缺水问题。

与众不同的熊

▲ 尽管大熊猫有着胖乎乎的圆润外表，并且在大部分的照片里，它们都待在地上，但其实它们非常擅长爬树。只要能把爪子插进树干里，它们就能迅速地摇晃着攀至树顶。

在中国中南部白雪覆盖、林下层植被主要为竹子的山坡上，生活着一种动物明星。自1961年世界野生动植物基金会（1988年改名为世界自然基金会）将这种黑白相间的熊作为自己的标志之后，它就成了动物保护的象征。它，自然就是大熊猫。

以前人们一直认为，大熊猫是一种食性专一的动物，对于自己的饮食有着特殊要求，只食草为生。但我们现在已经知道，有证据表明大熊猫可能是一种杂食动物，就像其他的熊一样。如果有机会，大熊猫会偷食鸟蛋，或是捕捉昆虫和其他小型动物，例如啮齿动物，甚至会偷吃农作物和家猪的饲料。而在中国陕西省某个自然保护区的相机陷阱（自动相机）拍摄到的画面显示，大熊猫还会吃腐肉。

即便如此，大熊猫的最爱依然是竹子。与其他广泛觅食的熊不同，大熊猫会坐在竹林里，一吃就是几小时。尽管竹子种类繁多，但大熊猫只吃其中的两三种。大熊猫拥有强壮的下颌肌肉和大臼齿，能够咬碎坚硬的竹笋，而由腕骨进化而成的特殊"假拇指"（也叫伪拇指）则能稳稳地抓住竹笋。不过，大熊猫的消化系统仍与肉食动物的而非草食动物的消化系统更相似，因此大部分食物都以未消化的废物形式被排出体外。作为代偿，大熊猫每天必须吃掉约20千克竹子，才能汲取足够的营养来保持健康。因此，它们每天要花10~16小时觅食和进食，其余时间则用来休息。

每年的4—6月，竹子开始生长。而大熊猫更喜欢吃竹笋，而不是竹叶或竹竿（竹子的茎）。竹笋的营养成分含量较高，纤维含量较低，而且细胞壁尚未发育完全，所以更容易消化。然而，随着时间的推移，竹笋下半部分的纤维含量会增加。在海拔越高的地方，竹笋生长得越慢，因此大熊猫每年春天都会从其活动范围内的最低点迁移到最高点，以获得这个季节里口感最佳、营养最丰富的食物。

大熊猫以竹子为主要食物还有着其他的用意。与棕熊等其他动物不同，大熊猫无法从食物中获取足够的脂肪储量用以冬眠，但当气温低于8℃时，它们能够提高自己的新陈代谢率，从而在气温经常降至0℃以下的寒冷山地森林中保持温暖。中国对于野生大熊猫的研究表明，野生大熊猫还会在新鲜的马粪中打滚，从而抵御周遭零下5℃的低温环境。相应地，在夏天，当气温达到28℃的临界值时，大熊猫就会开始感到不适，此时它们就会降低新陈代谢率。

在动物保护运动兴起之初，大熊猫就因为曾经濒临灭绝而成为易危物种的代表。它是一种被人们从灭绝边缘拉回来的物种，如今，大熊猫的数量正在缓慢回升，但这种趋势又能维持多久呢？长久以来，大熊猫面临的威胁主要来自于耕地扩张，这导致野生大熊猫逐渐丧失栖息地。现在，大熊猫又面临一种新的威胁：气候变化及其对大熊猫食物的影响。

随着地球变暖，竹子的进化速度可能会被其他植物远远甩在后面。而且竹子的繁殖速度非常缓慢，在繁殖几个世代后，它有可能无法适应不断变化的环境。尽管目前大熊猫的生存状况良好，但在它们的山区栖息地中，所有影响竹子生长的因素都会影响大熊猫。

第4章
冰封的南极

▲ 在南极洲毛德皇后地
（又译为毛德王后
地）的阿特卡湾，一
群帝企鹅在冰山下的
冰面上散步。

南极洲是地球上最寒冷的地方，这可能并不令人惊讶，真正令人瞠目的是，南极洲同时也是地球上风最大、最干旱、平均海拔最高和最与世隔绝的大陆。任何极地科学家或拍摄野生动物的摄制组都会告诉你，南极洲可能比你想象的还要冷。1983年7月21日，距离南极点约1300千米的俄罗斯东方站记录到了一度是地球地面上最低的实测气温：汞柱落下，触及了惊人的零下89.2℃。与家中仅零下18℃的冰箱冷冻室相比，这已经是了不得的严寒。而最近，地球观测卫星记录到了更低的温度：人们发现，在南极洲东部极地高原漫长的极夜，晴朗的天空和干燥的空气会使陆地表面温度（即物体表面触感温度，而不是空气温度）骤降至零下98℃，人们认为，这一温度可能是地球表面能达到的最低温度。

冰雪大陆

　　北极地区是一片几乎被陆地包围的冰封海洋，而南极洲则是一片被冰封海洋包围的陆地。南极洲的中心是极地高原，这是一片处于南极洲东部、平均海拔高达3700米（一说3500米）的广袤冰雪地带。它包括南半球最南端的地理南极点，南极点附近有美国阿蒙森-斯科特站。这里的夏季与冬季截然不同，在南极洲的极点，2011年的圣诞节时，气温达到了零下12.3℃。这样的温度乍听之下依然很冷，但已经是南极洲有史以来极点的最高气温纪录。

　　南极洲的气温会如此低，是因为在南极大陆中部气候出人意料地平和，这里的年平均风速仅为19千米/时，按照蒲福风级来看，风力只达到"微风"级别。不过，这里也会有许多狂风天，大陆上会刮起93千米/时的"暴风"。在南极洲的海岸边，风会更加喧嚣。在极地高原边缘的斜坡底部，南极考察站经常受到97千米/时的下降风的袭击，在这里160千米/时的狂风也不能说罕见。位于乔治五世地联邦湾湾头的丹尼森角是人们公认的地球上风力最大的地方，在这里，狂风会一阵接着一阵从高原呼啸而下。

▲ 尽管南极洲美不胜
收，但由岩石、积雪
和坚冰构成的崎岖地
貌使得这里成为地球
上最荒凉、最难以踏
足的地点之一。

1972年7月，在阿黛利地的法国迪蒙·迪维尔站监测到了高达327千米/时的狂风。肆虐的狂风暴雪把那里的研究人员困在室内数日无法外出。

关于南极洲还有另一个惊人的事实：严格来说，南极洲是一片荒漠，并且是世界上最大的荒漠。因为实际上，我们将任何年降雨量或降雪量少于250毫米的地方都定义为荒漠。人们可能认为，南极洲遍地都是冰雪，不可能是荒漠，但这是错误的。南极洲的年降水量少得出奇，在内陆地区年降水量只有约50毫米，但狂风会卷起地面的积雪，使其四处飞扬，因此乍看之下，南极洲下雪的次数比实际上的"降雪"次数要多。

在南极洲，气温通常在0℃以下，因此霜与雪即便是在盛夏也不会融化，而是堆积在地面上，最终，一层一层的冰雪堆积起来，凝结成冰川冰。而这一冰雪堆积的过程从3500万年前就开始了，南极冰盖由此形成。南极冰盖分为东南极冰盖和西南极冰盖，冰原最厚处可达4776米（一说4750米）。南极冰盖凝结的淡水占世界淡水总量的80%，冰盖总面积相当于美国和墨西哥的面积总和，是地球上最大的单一冰块。南极冰盖的质量之大，已经使得其覆盖下的部分大陆下沉，在西南极冰盖下的陆地已经低于海平面2.5千米多。如果南极洲的冰层全部融化，不仅南极大陆将缓慢

抬升，全球的海平面也将会上升接近60米，伦敦、纽约、悉尼和其他滨海城市，以及所有在低洼处的国家与岛屿都将不复存在。

横贯南极山脉横跨整片大陆，长达3500千米，将南极洲的两大冰盖分隔开来。这片山脉上的许多山峰海拔都超过了4000米，其中最高的是埃尔斯沃思山脉的文森山，其海拔高达5140米，比欧洲阿尔卑斯山脉的勃朗峰还要高一点。与极地高原一样，南极大陆的其他部分也地势平缓，看起来是白茫茫的一片，其中偶有深色的山顶破出冰面，拔地而起，这些山顶被称为"冰原岛峰"。但是，由于整个由岩石和冰层构成的南极洲表面平均海拔为2350米，南极洲是公认的地球上海拔最高的大陆。

南极洲最明显的地理特征就是南极半岛。南极半岛通常位于中国世界地图的右下角，在海上，水手们会称之为西北象限，即西经0°~90°处。南极半岛就像是南极以北的南美洲向外延伸的一部分，整个半岛探入南大洋。这里由于没有其他陆地的阻挡，风会沿着顺时针方向一路吹向南极大陆周围。这个象限是世界上风浪最大的地区之一，尤其是令人闻风丧胆的德雷克海峡。在德雷克海峡，南极半岛北部的尖端和南美洲的最南部两块陆地将狂暴的气候紧缩在方寸之间。在南纬50°以南，平均每周都会有一次大风，一年中有一半的时间海浪都高达5米。在145千米/时狂风的吹拂下，这片海域的海浪瞬间就会暴涨成20米高的巨浪，海面会如同沸腾的气锅一样翻腾不息。对于前来拍摄的摄制组来说，如此强烈的风暴是世上绝无仅有的，晕船也不可避免地成为摄制组的日常。

日落时分，南极洲阿特卡湾附近
埃克斯特伦冰架边缘的陡峭冰崖。

拍摄手记

南极洲

出人意料的是，南极洲的平均海拔高达2350米，与美国华盛顿州的圣海伦斯火山差不多高，因此，制片人奥尔拉·多尔蒂在造访南极洲时觉得，登上南极洲的过程就如同登山一样。

"我们与美国国家科学基金会合作，从罗斯岛上的麦克默多站一直飞到南极点。我们想拍摄极地高原，记录这片占据大部分南极地区的白色荒漠，但在此之前，我们必须战胜高原反应和严寒。

"我们在凌晨1点左右着陆，在听取完情况介绍后，我们被带到了位于阿蒙森-斯科特站的房间。这里的一切都令人难以置信，这可能是我这辈子最接近住在宇宙飞船舱内的体验了。但是睡觉变成了不可能完成的任务：由于身处高原，我头痛欲裂，无法入睡。第二天一早，我们用无人机拍摄无边无际的冰盖。后来，我很想继续漫步在冰盖上，但高原反应让我喘不过气来。我们转而开始观察科考站上空形成的假日（又称"幻日"）：太阳的两侧分别形成了一个太阳的虚像，空中就像是同时有3个太阳一样。"

▲ 阿蒙森−斯科特站是美国在南极高原上设立的科学研究站。

▶ 导演奥尔拉·多尔蒂站在标有南纬90°（地理上的南极点）的标杆旁。它的顶端有一个特别的设计，每年年初都会更换。在整个纪录片拍摄过程中，奥尔拉所在的摄制组是位置最靠南的。

王企鹅的聚会

南大洋上有这样几处遥远而荒凉的岛屿，无时无刻不在承受暴风的肆虐，它们就是南乔治亚岛和南桑威奇群岛。这两处岛屿属于亚南极岛屿（也叫亚南极区），距离南极半岛东北部尚有一些距离，乘坐游轮需要用两天到达，而乘坐帆船则需要5天。这里的气候比极南之地稍微温和一些，但天气变化多端：前一秒这里还狂风怒号、暴雪肆虐，后一秒就艳阳高照；在短短一个下午，人们就能在这里体验到一年四季的变化。

这些岛屿距离南极辐合带不远，处于一片宽约50千米的狭窄区域。在这里，南大洋中冰冷的南极海水向北流动，与较温暖的南大西洋交汇，两股上升流上涌并在水体中混合，使这片水域成为海洋中最富饶的区域之一。这意味着这里的许多亚南极岛屿都吸引着野生动物光顾，南乔治亚岛更是如此，据估计，这里是3000万只海鸟在繁殖季节时的临时家园。

晚冬时节，地面积雪未化，近45万只王企鹅幼鸟（王企鹅是世界上第二高的企鹅，身高仅次于南极洲的帝企鹅）大批聚集在一起，等待亲鸟从海上归来。每只王企鹅幼鸟都身披一层厚厚的棕色绒羽，看上去与光滑的黑白相间的成年王企鹅截然不同，以至于早期的探险家们认为王企鹅幼鸟与成年王企鹅分属两个完全不同的物种。

王企鹅的繁殖周期也很奇特。王企鹅从孵化到羽翼丰满，一般需要10~13个月，甚至更长，因此王企鹅群中的不同幼鸟在同一时间可能处于不同的发育阶段，比如有的刚刚孵化，有的逐渐发育成熟。王企鹅父母会任劳任怨地满足幼鸟的一切需求，它们的食物来源完全依赖于父母。

大多数王企鹅幼鸟会在1—4月孵化，然后亲鸟会严密看护它们一个月。父母双方都会出海捕猎，在回来后，父母会将半消化的"海鲜汤"喂给它们的独生后代。幼鸟吸收这些食物的热量并储存脂肪，以便在即将到来的冬天保持温暖。到4个月大时，幼鸟的体形和体重都会超过父母，因此当冬天来临时，父母可以让幼鸟暂时独立生活。这时，许多幼鸟会聚集在一起，形成一个离巢幼龄动物群，这样它们就能得到些许庇护，免受风和饥饿捕食者的侵扰。

接下来，亲鸟会在海上度过南半球冬天的大部分时光。亲鸟会潜入200多米深的海中捕捉鱼类和乌贼，尤其是灯笼鱼。灯笼鱼是一种会发出生物荧光的小型群居鱼类，它们白天生活在海洋的中层带，晚上则会游到距离海面更近的地方。人们将这种迁移行为称为"昼夜垂直移动"。灯笼

在父母出海之后，身披棕色绒羽的王企鹅幼鸟会大批聚集在一起，这样既能抵御天敌，也能抵御严寒。

▲ 王企鹅亲鸟成群结
队地奔向海边，再次
向南大洋发起远征，
为成长中的幼鸟寻找
食物。

鱼的迁移是地球上规模最大的群体迁移之一，并且由于灯笼鱼的种群庞大，它们也是世界上数量最多的脊椎动物之一（数量仅次于生活在海洋中上层的钻光鱼）。这对于过冬的王企鹅幼鸟来说是个好事。

在黑暗的冬天，王企鹅幼鸟的进食时间会变得非常不规律，因为亲鸟只在白天外出捕食。随着附近的食物越来越少，亲鸟需要跋涉更久更远来获取食物。不过到那时候，幼鸟应该有足够的食物存活。较早孵化的幼鸟相比晚孵化的幼鸟会更有生存优势，因为先出生的幼鸟有更厚的脂肪过冬，而若是体重太轻，晚孵化的幼鸟可能就会在亲鸟外出期间饿死或冻死。在亲鸟回来之前，活着的幼鸟的体重自然会持续减轻，只有在亲鸟回来喂食以后，幼鸟的体重才会开始增加，然后它们会进入第二个成长阶段。

随着春天的到来，或者更准确地说，春天从这片寒冷荒凉、暴风肆虐的岛屿上掠过时，亲鸟加快了外出捕食的往返速度。当亲鸟返回繁殖地时，它们必须从一大群幼鸟中找出自己的后代。这些幼鸟都是一个模样，人们认为亲鸟是通过幼鸟独特的叫声辨认出自己孩子的，因此亲鸟和幼鸟终

会团聚。幼鸟被喂饱后，数以百计的亲鸟就要再次动身，同时向大海进发。

在某个偏远的海湾，亲鸟的队伍组成了一道独特的风景线。从北海岸露脊鲸湾边上的繁殖地到附近一个人称"小海湾"的海滩，目力所及之处就有一列蜿蜒曲折、绵延将近1.4千米的王企鹅行伍，王企鹅黝黑的身影在白雪的映衬下显得尤为显眼。在这个队伍里，大多数王企鹅都以成年王企鹅特有的缓慢又坚定的步伐蹒跚前行，少数王企鹅则匍匐在雪地上向前滑行。有些王企鹅并排跋涉，也有些王企鹅一前一后地向前行走。人们认为，这些王企鹅是在走一条"测试过"的路。跟随前排王企鹅的步伐可以减少后排王企鹅摔倒的风险。当然，这也能让王企鹅们都瞧见彼此。在前方，坐落于两座高山之间的陡峭积雪隘口拖慢了整个队伍前进的速度，一些王企鹅会将自己的喙当成冰锥来帮助自己攀登。王企鹅前进的速度很慢，如此艰难的跋涉要耗时3小时。

王企鹅的行程在海滩上遇到了些"小插曲"。因为水边的王企鹅犹豫着要不要下水，后排成百上千的王企鹅逐渐堵塞在海滩上。大事不妙，没有王企鹅愿意下水。在海面上，原因一目了然：几只豹形海豹正从水里面伸出它们骇人的脑袋。豹形海豹出现在此处，正是因为王企鹅在这里。

豹形海豹长达3~4米，重达300~500千克，是体形庞大的捕食者。豹形海豹通常独自捕猎，但这里源源不断出现的王企鹅会吸引一些豹形海豹中的机会主义者进入海湾，躲在海藻床中的豹形海豹数量可能多达8只，它们在此守株待兔，准备随时出击截获下水的王企鹅。最近的一次观察正值幼

▲ 当一只勇敢的王企鹅
开始行动时，其他王
企鹅也会跟着行动。
通过集体出动，总有
一些王企鹅有机会逃
出生天，不被豹形海
豹抓住。

鸟羽翼丰满时，人们在近海区域发现了36只豹形海豹。哪怕只有一只豹形海豹也会惊吓到年幼的王企鹅，数量如此之多的豹形海豹一定是王企鹅挥之不去的噩梦。王企鹅亲鸟正直直地步入险境，但作为父母又能怎么办呢？它们必须出海，否则幼鸟就会饿死，因此它们别无选择，只能面对这些狡猾的捕食者。巨鹱和海鸥等候在周围，同样在期待这场注定的屠杀盛宴。豹形海豹就像狐狸一样，有时仅仅只为了享受杀戮的乐趣而杀戮。这回可够大家吃的了。

　　第一只勇敢的王企鹅开始行动，其他的王企鹅也紧随其后。它们稍作停留，就像是前方没有任何难测的危险一样，淡定地洗净自己的羽毛，随后便开始下水。当王企鹅群涌入浅水区，水体也开始翻腾：在这种时刻，群体庞大意味着个体安全。王企鹅体形庞大，游泳速度也很快，在水里能够急速转弯，动作比海豹更敏捷，因此在开阔的大洋里，捕食者很难抓住它们。但在海湾内，体形最大、捕猎经验最丰富的海豹肯定能有所斩获。豹形海豹能加速到40千米/时，且有着流线型的身体，动作也十分灵活，而王企鹅的速度只有9.7千米/时。当一只豹形海豹向王企鹅猛扑过来，王企鹅们就会齐齐后退，与此同时，另一只豹形海豹则冲上海滩在后面包抄，抓住一只猎物。这是一场彻头彻尾的混战，当一大批王企

▲ 从豹形海豹的头来看，它们更像是爬行动物而非哺乳动物，它们不管在陆地上还是在海里都能自如地捕食王企鹅。

鹅同时下水，捕食者一时间会被大量的王企鹅淹没；虽然有几只王企鹅最终会沦为牺牲品，但大部分王企鹅还是能安然无恙，进入开放海域继续捕食。

在相对安全的开放海域里，王企鹅就有了足够的活动空间，开始了长达300千米的长途狩猎，这是件挺了不起的事，随后它们再返回陆地喂养幼鸟。在春天和夏天，王企鹅每隔六七天就会在陆地和海洋之间进行一次非凡的狩猎远征，每次它们离开或到达海湾时，豹形海豹都会躲在海藻床中，伏击那些不够谨慎或是运气不佳的王企鹅。

在海上，小规模的王企鹅狩猎小队在水中游动的姿势就像是在海中翱翔。它们在水面上像海豚一般时起时落地前行，这不仅是为了换气，也是为了减小在水中游动的阻力，从而提高游泳效率。不过，露脊鲸湾的王企鹅小分队只是在这里觅食的王企鹅种群中的沧海一粟。由于南大洋的食物非常丰富，尤其是在丰饶的关键区域，比如冰缘和岛屿下游，所以王企鹅都集中在这里捕鱼。但奇怪的是，南大洋并非到处都是食物高产地区，因为部分地区缺乏微量元素，例如铁。而没有铁，浮游植物就无法生长。

同性伴侣

有多达数百万只海鸟在亚南极岛屿繁殖并在南大洋中觅食，在这些海鸟中，有一种叫漂泊信天翁。漂泊信天翁体形非常庞大，站立时身高超过1米，翼展最长达3.7米，是所有现存鸟类中翼展最长的。鸟如其名，漂泊信天翁的一生都在漂泊中度过。在科学研究所追踪的漂泊信天翁中，有许多会周游世界，不懈地寻找食物，可它们在这种波澜壮阔的超远距离飞行中都不会消耗多少能量。漂泊信天翁使用的是一种叫作"动态翱翔"的技巧，它们利用这种技巧从海洋上空水平方向的风中获取前行的能量。漂泊信天翁在前进的同时会不停地攀升和俯冲，高度差大约100米。如此前行的状态就好比一艘逆风前行的帆船，始终让自己在横风中才能保持最高效的移动。不过，漂泊信天翁并

▼ 这只雄性漂泊信天翁展开双翼，试图吸引潜在的配偶。在求偶过程中，它既可能与雌性配对，也可能与雄性配对。

非只是被风吹着前进，它们可以飞得比风更快。从观测到的数据来看，一只漂泊信天翁在飞过南印度洋时，速度最高可达108千米/时。利用这样的技巧，漂泊信天翁单次飞行的距离就能达到1.6万千米，在短短46天内就能绕南极洲飞行一圈。

安蒂波迪斯群岛位于新西兰东南方向700多千米处。这里是漂泊信天翁的大本营，有两个漂泊信天翁的亚种在这里筑巢，但近年来，漂泊信天翁种群的生存情况却不尽如人意。首先，岛上的漂泊信天翁数量正在减少，每年减少5%~10%；其次，这些大鸟的行为也很反常。

人们认为，漂泊信天翁种群数量的减少可能由多种因素造成：海洋变暖、猎物减少，以及与金枪鱼延绳钓方法的出现有关。

许多海鸟在人类使用延绳钓的方法捕鱼的时候意外被钩住并因此丧命。一些渔民放下的渔线可能长达100多千米，每条渔线上都有数千只带饵的鱼钩。海鸟们会被鱼钩上的饵料吸引，试图去吃饵料，于是就被鱼钩钩住，并且淹死。卫星监测数据显示，在印度洋、大西洋和太平洋作业的渔船中，只有大约15%采用国际上商定的"夜间放线"法捕鱼，因为海鸟很少会在夜间捕食。同时，为了避免海鸟受害，渔民还可以在鱼钩上挂上重物，使鱼钩迅速沉底；也可以在鱼钩上绑上彩带，阻止海鸟为了获取饵料而下潜。2011年发表的一篇科学论文指出，全球每年至少有16万只，甚至多达35万只海鸟（主要是信天翁、海燕和海鸥）因延绳钓丧命。英国皇家鸟类保护协会和国际鸟类生命协会称，每5分钟就有一只漂泊信天翁死去；而自20世纪60年代以来，漂泊信天翁的数量已减少了一半。在许多地方，漂泊信天翁的非正常死亡导致了繁殖地性别比例的失衡，因为在海上觅食时，雌性漂泊信天翁往往会比雄性漂泊信天翁飞得更远，因此人们认为，雌鸟们可能更容易遭遇与延绳钓有关的意外。在安蒂波迪斯群岛，一只年轻的雄性漂泊信天翁亲身经历了这种性别比例失衡带来的问题。

在海上漂泊多年之后，这只漂泊信天翁返回安蒂波迪斯群岛，在这里找到一片栖息地。它在此第一次试着求偶。漂泊信天翁往往会和自己的伴侣缔结终身关系，因此漂泊信天翁，尤其是雌性，必须慎重地选择自己的配偶，而配偶关系又建立在一场精心设计的求偶表演上。当一只雌鸟靠近并对雄鸟表现出兴趣时，雄鸟会首先将喙指向天空。当雌鸟再次靠近时，雄鸟会耸动头部致意，同时将自己的翅膀尽力打开到最大。翼展最大的雄鸟往往会胜出，但这一次，这里的骚动吸引来了一大群其他雄鸟。雌鸟对这一切失了兴趣，便飞走了，其他雄鸟也飞离了这里，只留下年轻的求偶者孤零零地站在原地。这时，又有一只鸟靠近了。于是，求偶演出再度上演。然而，这次靠近的是另一只雄鸟。看来，没有雌性配偶的雄鸟宁愿寻找同性来陪伴，也不愿形单影只。随着来到繁殖地的雌鸟与日俱减，异性鸟儿之间的交配机会也越来越少，一小部分雄鸟因此改变了它们的求偶行为。科学家们在此见证了这前所未有的一幕。

▼ 漂泊信天翁在求偶期间仰头指天的行为往往伴随着一阵低沉的咯咯声，但平时它们仰天鸣叫的声音听起来尖利又嘹亮。

无处不在的磷虾

▶ 南极磷虾以生长在南
极洲沿岸海冰底部的
藻类为食。

继续一路向南，最大的危险不再是让人晕船反胃的风暴，而是冰。体积巨大、覆盖面积仿佛有一整个国家那么大的冰山从冰川和冰架上崩落，在南大洋上漂流。和北冰洋一样，南极洲主要的冰原由海冰构成，即在海面上漂浮的浮冰和与海岸、岛屿或海底部分冻结在一起固定不动的固定冰。在南半球的冬季，南极大陆周围的海冰面积约为1870万平方千米，约为欧洲面积的两倍。隐藏于这片海冰之下的微小海洋生物是这一整片生态区域中最重要的生物。

南极磷虾是南大洋中大部分地区食物网的基础。它们长得像虾，是一种半透明的小型甲壳类动物，有黑色的眼睛，身体在黑暗中能发出生物光。磷虾的生命周期不同寻常，一切都始于雌性磷虾在水体中产下的卵。磷虾卵会迅速落至海面下1000米左右，幼体在那里孵化。在漆黑的深海里，一切都相对安全，但磷虾必须返回水面，在阳光能照射到的水域中捕食浮游植物。小磷虾的垂直旅行需要长达3周的时间才能完成，而这趟旅途是否成功则取决于雌性磷虾是否在卵中储存了足够的脂质，如果脂质足够多，小磷虾不用进食也能完成旅行。此时，表层水域还依然开阔，没有被海冰覆盖，因此小磷虾可以吞食藻类和小颗粒的碎屑，并且迅速发育成长。到了秋季，海冰开始形成并逐渐扩大，磷虾经常出没的水域被海冰覆盖，磷虾的栖息地随即变成了磷虾的冰凉育儿室。磷虾幼体可以从海冰底部刮食藻类，同时，冰层也在一定程度上保护它们不被捕食，因此冬季的海冰对磷虾来说至关重要。如果没有海冰，一些地区的磷虾数量就会减少，当地的食物网就会崩溃。

有许多南极动物以磷虾为食。正在发育中的磷虾幼体是其他甲壳类动物和水母的猎物，而成年磷虾则是海洋中层的鱼类、乌贼、小型企鹅、锯齿海豹、豹形海豹、海狗、须鲸甚至一些海鸟，如黑眉信天翁、锯鹱和南极鹱的食物。

尽管磷虾会进行昼夜垂直移动——它们会在夜间靠近海洋浅表层，日间则在海洋更深处，但是大多数动物还是在海洋的浅表层，即海洋最上层100米深的水域捕获磷虾。也有证据表明，当海面上磷虾的食物供应不足时，磷虾就会前往深达2000米处的海底附近觅食，那里的碎屑和桡足纲动物是它们的主要食物来源。在海洋表层和深海之间垂直迁移似乎是整个磷虾生态中不可或缺的一部分。而由于磷虾习惯于聚集成密集的群落，磷虾群中的个体数量往往能达到天文数字，因此磷虾群就像是一块磁铁，源源不绝地吸引着海洋中以它们为食的巨兽。

鲸之大

▲ 蓝鲸喷出的水花实
际上是一种圆锥形的
水雾，水雾高度可
达12米，哪怕是在很
远的地方也能一眼瞧
见。喷出水雾的高度
和形状取决于风力大
小和鲸的状态，鲸越
是活跃，喷出的水雾
规模就越大。

生活在南极洲的蓝鲸亚种不仅是世界上现存体形最大的动物，也是有史以来体形最大的动物，它们的体形超过了最大的恐龙或是远古海洋爬行动物。在过去，人类测量到的蓝鲸亚种的长度为30多米，但如今26米的体长就已经相当可观。南极蓝鲸是蓝鲸现存3个（一说4个）亚种中体长最长、体重最重的，要比其他亚种长足足2米多。这种鲸光是心脏的大小就和一辆小汽车相当，这颗巨大的心脏每分钟跳动4~5下，泵出10吨的血液，其动脉的宽度足以让一个小孩爬过去。人们认为，它们之所以长得这么大，是为了在磷虾的季节性繁殖期大量猎食，从而在体内储存足够的鲸脂，以度过一年中不便进食的繁殖期。部分个体的皮下鲸脂可以达到50多厘米厚。

蓝鲸在缓行时以约6.4千米/时的速度在海里巡游，但它们也能在必要时以29千米/时的速度游动数小时，在被虎鲸追捕时甚至能以32千米/时的

▲ 一头蓝鲸竖起尾鳍，潜入水下捕食磷虾。相对于庞大的身形，蓝鲸的尾鳍显得较细，一头成年蓝鲸的尾鳍宽度会超过7米。

速度急速前进。在进食时，蓝鲸需要进行9.7千米/时的短暂冲刺，它们会笔直向前，冲向密集的磷虾群，随后张大嘴巴，让下颌与上颌几乎形成直角。这带来了巨大的阻力，几乎让它们不能再向前。这时，蓝鲸的喉咙已经完全扩张开来，里面装满了海水和甲壳类动物混合成的"海鲜浓汤"。随后，它们就会用喉咙和舌头的肌肉将海水从梳子一样的鲸须中挤出来，将固体食物继续留在口腔里。有了这样一张大嘴，蓝鲸一次捕猎就能吃下足够的食物，摄入大约2000千焦的热量，这大约是蓝鲸潜水过程中消耗能量的90倍。蓝鲸每次下潜持续3~15分钟，在此期间，它们可能会加速6次。如果猎物密度太低，蓝鲸就不会选择费力下潜，转而静静等待，以此节省氧气和能量。如果有大量的磷虾出没（有时磷虾群可能绵延长达2千米），一头巨大的蓝鲸一天就能吃下约16吨磷虾，这与一辆公交车的质量相当。在夏季至关重要的几个月里，蓝鲸必须保持这样的节奏进食，以储备足够的鲸脂来过冬，因为在冬季，热带和温带海域并没有稳定的觅食机会。蓝鲸的粪便可以使海洋变得更有营养，甚至可以为浮游生物的生长提供必要的铁元素。

据推测，大多数鲸会在冬季迁徙到温暖的地方繁殖，但迄今为止，
人类依然不清楚南极蓝鲸到底在哪里繁殖。不过，南极蓝鲸似乎有3个不
同的亚种群，它们分别在南大西洋、南太平洋和南印度洋的海底盆地中繁
殖。如果在巴西近海水域观察到雌性南极蓝鲸和幼鲸可以作为繁殖地的判
断依据，那么南极蓝鲸繁殖和哺乳的地点很可能就在这片水域的深水区。在
春季，南极蓝鲸会返回南极洲，前往磷虾最多的地点觅食。这些地点往往靠
近南极大陆架上方的夏季浮冰。然而，并非所有的南极蓝鲸都会迁徙，有些
南极蓝鲸终年停留在南极水域，而有些则会在夏季留在北方。例如，到了夏
季，在美属萨摩亚附近的海域就曾有人听到过南极蓝鲸的鲸鸣。

南极蓝鲸在这里出现已经足够令人惊讶。20世纪初，随着现代商业捕鲸方法的引入，蓝鲸几乎被人类猎杀殆尽。到20世纪70年代苏联非法捕鲸活动停止时，人们估计蓝鲸的数量只剩下360头。而如今，蓝鲸数量已经回升。最新一次针对蓝鲸数量的调查是在2003—2004年南半球的夏季进行的，当时估计的蓝鲸数量已达2280头。如果蓝鲸的种群数量一直以每年7.3%的速度增长，那么到现在，全球蓝鲸的数量可能已经超过9000头。毫无疑问，蓝鲸已经从灭绝的边缘走了回来。

拍摄手记

南大洋

　　可以想象，在风暴肆虐的南大洋上拍摄蓝鲸绝非易事。这一次，负责无人机拍摄的是野生动物摄影师亚历克斯·韦尔。他面临的第一个挑战，就是在茫茫大海中找到一头蓝鲸。

　　"我们和一支国际声学家团队一起登上了MV Investigator号，他们使用了声呐浮标来寻找蓝鲸。利用这种装置，他们可以从数百千米外探测到鲸鸣声。我们的任务主要是在甲板上使用无人机进行拍摄，但船上的许多仪器会对无人机的定向系统造成严重的影响，因此我们很难操控好无人机。此外，风也很大，天气非常寒冷，我必须戴上薄手套才能使用遥控器，有的时候手指冻得疼痛难忍，再加上海上3米多高的浪头，要拍摄的动物也不知道会在何时何处出现，这些都无疑给我们的拍摄带来了挑战。尽管如此，我们还是有了不少奇遇。有一次遇到蓝鲸的场景让我尤为印象深刻，当时船正在海上停泊着，我正好在拍摄中，一头蓝鲸向我们靠近，几乎近在咫尺。在无人机追踪到的蓝鲸的画面里，我看到我们的船徐徐入画，蓝鲸和我们的船擦肩而过，它还铆足劲喷了一次水，我们被有史以来体形最大的动物喷了一身水，这种体验真的非常奇妙！"

▲ 詹姆斯·考克斯和亚历克斯·韦尔在南大洋的大风环境中操控着无人机，这样不适合无人机航行的天气在南大洋十分常见。

无人机拍摄到的南极蓝鲸。一头南极蓝鲸的长度与3辆双层公交车的长度相当。

摄制组以MV Investigator号为基地在海上拍摄蓝鲸。MV Investigator号是一艘澳大利亚海洋研究船，由澳大利亚联邦科学与工业研究组织（CSIRO）运营。为了方便进行海洋研究，这艘船可以非常安静地在海洋上航行。

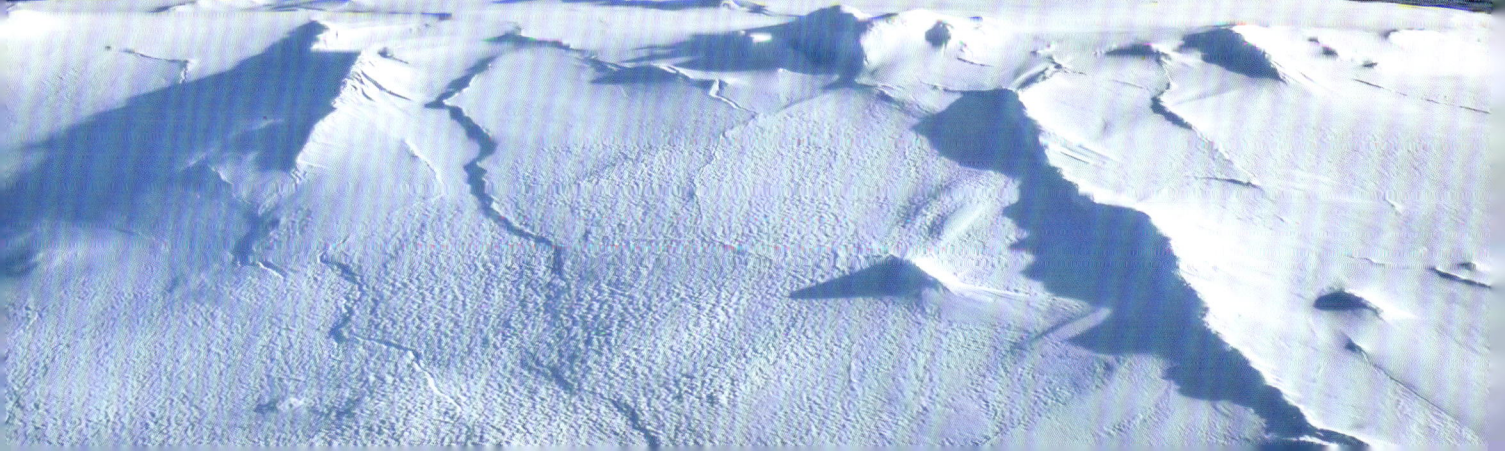

以洞为家

在靠近南极大陆的地方，固定冰形成了一道大多数鲸都无法突破的屏障。然而，有一种海洋哺乳动物却能突破如此坚硬的冰层，它们就是威德尔海豹。威德尔海豹可以在冰上开辟出呼吸孔，它们用牙齿让冰洞保持畅通。这种海豹的上犬齿和门齿向前突出，可以用来铰开冰面。相较其他哺乳动物，威德尔海豹的这种能力能让它们在更南的地方繁殖。固定冰是一个避难所，因为虎鲸等捕食者来了以后很可能会被冰层困住，所以捕食者对这个地方敬而远之。

9—11月，雌性威德尔海豹在冰上分娩，幼崽刚一出生可能就会面临零下20℃左右的低温，迅速增加体脂可以帮助幼崽有效地对抗严寒。对于幼崽来说，更大的挑战是离开冰面进入水下。幼崽不仅要学会游泳，还要学会在冰面下路径不断变化的冰洞中自由穿行，以便在这个迷宫般的世界中独自觅食。

▼ 威德尔海豹的幼崽要在母亲身边生活6~7周，以学习如何在冰下游泳和辨认方向。

▲ 还没准备好交配的雌性威德尔海豹脾气很暴躁，会攻击纠缠不休的雄性威德尔海豹。

威德尔海豹幼崽一般不会在出生后7天内下水。过了7天后，幼崽还是不愿意把自己弄湿，雌性威德尔海豹便不得不哄着孩子下水游泳。曾有人看到，一只雌性威德尔海豹用前肢裹住不爱游泳的小海豹，轻轻地把它拉到水中。在小海豹克服了最初的恐惧之后，游泳课程就从在水中游上一分钟开始了。当小海豹逐渐适应了在水中活动后，它们待在水里的时间就会逐渐变长。相比下午，小海豹更喜欢在深夜和清晨游泳，清晨它们往往会挑战时间最长和最深潜水纪录。小海豹下潜的深度平均不到2米，但如果它们有足够的勇气，它们也可以潜入15米深的水下。随着年龄的增长，小海豹潜水时的深度会增加，下潜的时间也更长；随着断奶时刻的临近，每下潜水的次数也会增加。到了最后，小海豹似乎根本不愿意离开水，不过此时它们潜水并非为了觅食，而是每天花上多达21小时来磨炼游泳和潜水技能。

随着小海豹不断成长，它们体内的红细胞数量会增加，因此它们在水下憋气的时间也会变长。幼年威德尔海豹憋气的时间不超过8分钟；到少年时威德尔海豹能憋气大约20分钟；而成年后，威德尔海豹可以一口气潜水长达90分钟。威德尔海豹是出色的潜水员，它们能潜入600多米深的水下，不过威德尔海豹大部分的觅食活动都是在100~350米深的水下进行的，它们一次潜水通常持续30分钟左右。

在成长时期，威德尔海豹幼崽要学会的最关键的能力就是辨别方

▶ 大多数海豹幼崽夭折的原因都是溺水，因此海豹幼崽必须和母亲学习找到距离自己最近的呼吸孔的方法。

向，因为在水下，它们必须知道哪里有呼吸孔，否则它们就会在冰封的水下被淹死。科学家认为，威德尔海豹幼崽的游泳课程中就包括了如何在冰面下寻路，以及如何找到呼吸孔。这也许就是威德尔海豹幼崽与它们的母亲待在一起时间如此之长的原因之一。其他种类的大多数海豹幼崽与母亲在一起的时间不到4周，北极地区某些海豹幼崽与母亲待在一起的时间更短，威德尔海豹幼崽与母亲在一起的时间却长达6~7周。

除了在水下迷路之外，小海豹还有可能遇到的危险是过于多情的雄性威德尔海豹。小海豹一出生，雄性威德尔海豹就会来向雌性威德尔海豹求爱，并且吵闹得不行。雄性威德尔海豹的叫声就像枪声一样响亮，这些身长3米的雄性海豹一心想与雌性海豹交配。不过，在雌性威德尔海豹的后代断奶之前，雌性威德尔海豹对交配都毫无兴趣，它们会拒绝任何"单身汉"接近。可如果雄性威德尔海豹霸占了雌性威德尔海豹的呼吸孔，雌性威德尔海豹就成了雄性威德尔海豹领地的一部分，但雌性威德尔海豹也并非必须接受雄性威德尔海豹的求爱。

在保护自己的幼崽时，雌性威德尔海豹会变得极富攻击性，雄性威德尔海豹可能会求爱不成，最终狼狈不堪地既要愈合情伤，也要愈合身体上的伤痕。在雄性威德尔海豹求偶时，威德尔海豹幼崽确实可能会被咬伤，但这种情况并不常见。雌性威德尔海豹是非常称职的母亲。雌性威德尔海豹还在幼崽身边时，幼崽的存活率很高，大约为80%。雌性威德尔海豹离开后，只有50%的幼崽能活到1岁，而其中35%的幸运儿能活到2岁。只有大约20%的雌性威德尔海豹幼崽能长大，产下自己的幼崽。

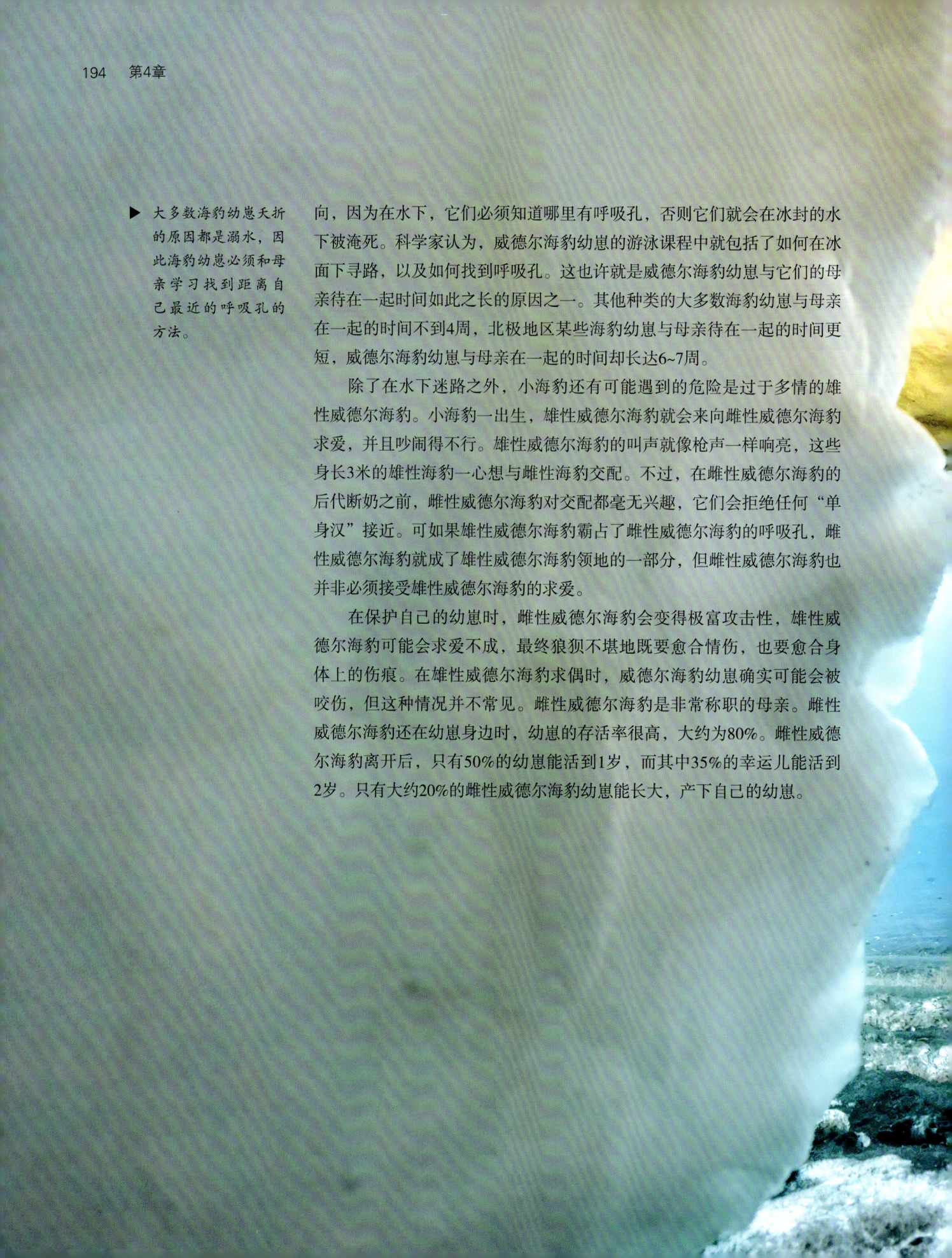

拍摄手记

南极洲麦克默多湾

　　要拍摄到雌性威德尔海豹和雄性威德尔海豹的互动，摄制组成员需要装备循环呼吸器用以在水下呼吸。循环呼吸器最主要的特点是，穿戴人员在呼气时不会有气泡。此前还从未有人在极地水域使用过这种呼吸设备，但在经过测试后，人们发现在极地水域也可以使用这种水下呼吸设备。只有装备了它，摄制组才有机会亲眼见证威德尔海豹在水下的自然行为。在水下吹气泡是雄性威德尔海豹展示自己攻击性的表现之一，因此摄制组成员在水下使用普通呼吸设备呼出气泡的话，威德尔海豹就无法表现出正常的行为。有了循环呼吸器，摄制组就能更接近他们想要拍摄的对象。此次拍摄的导演由约兰德·博斯格担任。

　　"水下摄像师休·米勒和我在麦克默多湾的冰层下发现，雌性威德尔海豹为了确保自己的幼崽不受伤害，会与雄性威德尔海豹进行野蛮的搏斗。这也是人类第一次拍摄到这种行为的细节，而这样的拍摄活动只有拍摄者装备了循环呼吸器时才有可能实现。"

▲ 水下摄像师休·米勒再次
　 南下深入严寒，而这一次
　 他来到了世界的另一侧，
　 南极洲的冰层之下。

装备了循环呼吸器之后，休·米勒在水里呼吸时就不会吐气泡了，并能与威德尔海豹们和平共处，不干扰它们的自然行为。尽管如此，这只雌性威德尔海豹还是有点不确定自己跟前的外来生物究竟是何方神圣。

休·米勒也必须学会如何在冰层下辨别方向，就像他正在拍摄的这只海豹幼崽一样

▲ 帽带企鹅的栖息地位
于南极半岛外欺骗岛
西侧的Vapour Ridge
Col。

偷窃的企鹅

　　春天，南极洲的大部分海冰开始融化；到了仲夏，冬天凝结的海冰只剩下原本的大约15%。海岸上冰雪下的岩石逐渐裸露出来，这吸引了另一种想要繁衍后代的物种：帽带企鹅。

　　帽带企鹅在海上过冬，到了春天，它们会前往相对无冰的繁殖地，差不多等于回到多年前自己出生的地方。部分繁殖地位于南极半岛附近的欺骗岛（又称迪塞普申岛），这座岛坐落于南设得兰群岛，岛上有一座活火山，有着马蹄形的火山口，形状非常显眼。它是这一地区最大的火山，偶尔会喷发；在过去的一万年里，这座火山已经喷发过好几次，距今最近的一次喷发在1970年。那次火山喷发对当地帽带企鹅的种群造成了重大影响。

　　世界上最大的帽带企鹅繁殖地之一就位于欺骗岛的东南部，岛上也有其他规模较小的繁殖地，例如位于西侧山脊处的繁殖地。在2011年12月的一次调查统计中，人们发现这片繁殖地有19177对正在繁殖的帽带企鹅。在过去，这里帽带企鹅的数量更多。在近50年里，欺骗岛上的帽带企鹅数量减少了足足一半，不过最近帽带企鹅种群的数量正趋于稳定。科学家认为，这正是气候变化造成的结果。气候变化不仅导致冬天海冰减少，还会导致磷虾群的分布发生变化，甚至影响磷虾群的丰度。同样影响磷虾数量的因素还包括鲸和海豹的种群数量的回升，以及人类进行的商业捕捞活动。而磷虾正是帽带企鹅的主要食物。

▶ 通过无人机拍摄的画
面可以看到，帽带企
鹅们聚集在最适合建
造石窝的地方。

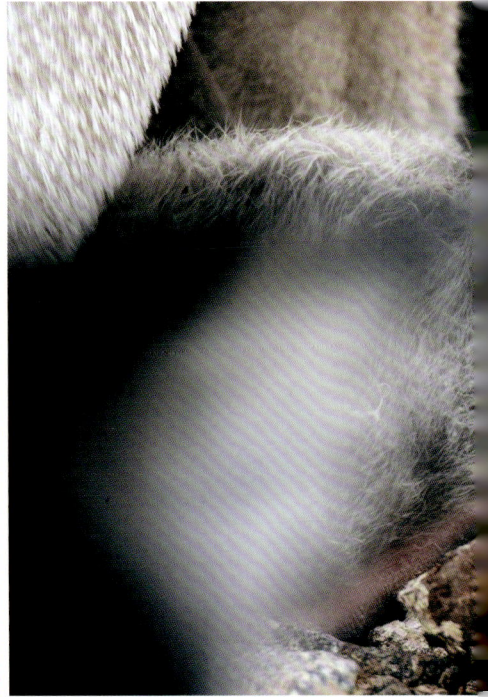

▲ （左）
帽带企鹅的巢都建在邻居的鸟粪飞溅距离之外，但有时也会有"意外"发生。

（右）
石头筑成的巢可以防止蛋和随后孵化出的小帽带企鹅被水淹没冲走。

对于这个季节（指夏天）来到欺骗岛的候鸟来说，寻找最佳筑巢地点的竞争从未停止过。帽带企鹅偏爱在斜坡上筑巢，这样融化的雪水或雨水就会顺着斜坡流走。但如果斜坡已经被占满了，那么任何平坦的地方，只要那里没有积水，都可以用来筑巢。帽带企鹅通常会选择前一年自己待过的筑巢地点，它们还会大兴土木，亲自修整自己的巢穴：它们会在地面上标出一道新的记号，然后用石头堆起自己的小窝。在斜坡上，几块小石头就能防止蛋从斜坡上滚落，而堆放起的小石堆就能让蛋和随后孵化出来的小帽带企鹅停留在高处并保持干燥。随着小帽带企鹅逐渐长大，它们的行动能力也会提高，石堆做的平台就没什么用了，帽带企鹅就不再修缮它们的育儿巢。而在此之前，适合筑巢的石头会非常紧缺，因为很多石头都在冬天被埋进了土里，于是有些帽带企鹅会偷走同伴用的石头。这样的盗窃行为在整个帽带企鹅群里相当普遍，于是同一堆石头可能被同一片繁殖地的帽带企鹅循环着用。

保持社交距离是帽带企鹅的常态，每对帽带企鹅筑巢时不仅要考虑间距不能让邻居伸头就啄到自己，还要防止被飞溅的排泄物击中。因此，每个帽带企鹅巢穴周围都有白色鸟粪画成的呈放射状的线，就像自行车辐条一样。向巢穴外喷射排泄物意味着自己的巢里排泄物就少了，如果不小心溅到了邻居们，帽带企鹅也不甚在意，这只是附带伤害。小帽带企鹅依靠亲鸟提供的食物、温暖和保护，躲避周围许多虎视眈眈的天敌。例如，南极贼鸥也在这里筑巢，它们会瞄准企鹅蛋或小帽带企鹅无人照管的空隙发起袭击。

▲（右）
通常来说，帽带企鹅一胎产两只小帽带企鹅。小帽带企鹅会与亲鸟一同在巢里生活长达一个月。

小帽带企鹅面临的最大威胁是雨水。气候变暖导致这里下雨的频率是60年前的两倍。雨水会打湿小帽带企鹅的绒羽，使它们孱弱的身体无法隔绝凛冽的寒风。小帽带企鹅会剧烈颤抖以产生一些热量，试图抵抗低体温症（也称失温症、低温症），但最终，它们会不可避免地失温，如果天气没有好转，这些小帽带企鹅还是会死去。磷虾的减少和潮湿的天气对于小帽带企鹅的生存来说是双重打击，这使得岛上小帽带企鹅的死亡率变得非常之高，甚至这座岛上一些规模较大的繁殖地的帽带企鹅数量也在近35年来减少了60%。而一些规模较小的常规繁殖地已经空无一鸟。不仅仅是帽带企鹅，在附近的南极半岛上，阿德利企鹅也面临着同样的命运。美国生物学家、极地海洋研究小组的负责人比尔·弗雷泽一直致力于南极半岛上阿德利企鹅的研究。在比尔最后的一次南极洲之行中，他访问了南极半岛西侧的托格森岛，在那里他亲眼看到了眼下正在发生的不同寻常的变化。在他所工作过的企鹅栖息地里，托格森岛上的企鹅栖息地曾是规模最大的。

"我第一次来到这里是1974年，感觉就像来到了世界的边缘。这种感觉很难描述，就像是降落在另一个星球上。这片岛屿深深地吸引了我。我在这里待了大约45年，这是一段很长的时间。让我着迷的是这些企鹅坚韧得令人难以置信，它们是生命力顽强、坚定的美丽生命。

▲ 一座漂浮在近海的大冰山提醒我们，南极洲的冰川和冰架离欺骗岛并不遥远。

"阿德利企鹅每年都会返回繁殖地。对于回到故乡这件事，它们是非常坚定不移的。这种行为有一定好处，可现在这使阿德利企鹅要付出一些代价了。因为这里的环境正在发生变化，过去的栖息地不再适合它们生存了。

"在过去的45年里，气候变暖产生了令人难以置信的影响，而且气候变暖的速度非常迅猛，远远超出人们的预期。40年前，这个地区有2万只阿德利企鹅成鸟，而现在只有400对左右。

"这些阿德利企鹅目前遇到的最明显的问题之一就是降雨量的增加。阿德利企鹅是南极洲高纬度地区的生物。它们适应在干燥的极地环境中生活，因此根本无法忍受持续潮湿的环境。小企鹅在潮湿的环境中都湿透了。雨水渗透了它们的绒羽，破坏了绒羽的隔热能力，这就是为什么我们会看到它们都在瑟瑟发抖，因为这些小企鹅正在努力维持体温，但这无济于事。小企鹅在这种环境下的生存概率是0。我们只能站在这里，看着气候变化夺走一只又一只阿德利企鹅的生命。"

在附近的利奇菲尔德岛上，比尔发现阿德利企鹅的生存情况更加糟糕。

"我们就是在这里记录下阿德利企鹅首次全岛灭绝。以前我们一上岛，就能听到阿德利企鹅的声音。在那时，阿德利企鹅无处不在。现在这座岛上的寂静令人难以忍受。这里有些小石头，是过去在利奇菲尔德岛上繁殖的阿德利企鹅筑巢用的。这实在让人感到悲痛。这是我在这里工作的最后一周。我的心情有些难以言表。我们仿佛一直在和煤矿中的金丝雀一起工作。没错，阿德利企鹅就像煤矿中的金丝雀一样在告诉我们，地球上的环境正在发生变化——地球正在变暖。"

▶ 相较于落雪，降雨会使雏鸟的绒羽被水浸湿，因此它们无法抵御凛冽的寒风。

消失的冰川、暴风雨，以及温度的蹿升

随着全球逐渐变暖而来的是，南极洲也失去了它声名远扬的特点——冰。这里的冰正在迅速消融。美国航天局戈达德航天中心对近40年来拍摄的南极洲海冰卫星图像进行分析后发现，尽管南极洲海冰在过去的几十年里总体上有所增加，但这一增加趋势却在2014年发生了逆转，南极洲海冰的减少速度超过了北极地区，而北极地区的海冰减少率早已广为人知。

其中的棘手之处在于，南极大陆部分地区的变暖速度比南半球其他任何地方都要快。2020年2月6日，位于南极半岛北端霍普湾的阿根廷埃斯佩兰萨基地记录到了18.3℃的惊人高温。并且在南极洲周围，气候也发生了急剧变化：降水激增；暴风雨开始取代暴风雪，变得更加频繁。而随着该地区气候变暖，预计未来的雨水会越来越多。

人们曾一度认为，相对而言南极洲本身会不受当前全球变暖的影响。但最近的研究表明，在过去的30年里，南极洲内部的变暖速度是地球其他地区的3倍多。人们认为这是自然的升降温周期与人为造成的气候变化共同作用的结果。自1957年以来，科学家一直在跟踪阿蒙森–斯科特站记录的气温变化。数据显示，1989—2018年，气温上升了1.8℃，其中1℃归因于温室气体的增加。这种变暖的趋势是威德尔海地区的低压天气系统和暴风雨天气造成的，它们将温暖潮湿的空气带到南极高原，这种天气现象与热带太平洋地区的异常变暖有关。令人惊讶的是，在同一时期，南极洲西部的变暖减缓了，甚至南极半岛有部分地区停止了变暖。

即便如此，科学家还是记录了南极半岛西侧海冰减少的大致情况。虽然每年的情况有些许不同，但自20世纪中叶以来，这里的海冰总体趋于大规模减少，如今海冰减少的速度是40年前的6倍，这一趋势与全球大气变暖和海面温度的显著上升得到了互相印证。尽管科学家仍然在研究引起这些变化的确切机制，但有一点是明确的：如果我们任由全球变暖现象继续发展，那么南极半岛西部出现的这种现象很可能会蔓延至整个南极洲，这种变化发生的时间尺度并非几百万年、几千年或是几百年，而是仅需要短短几十年。

2022年3月，与罗马面积相当的格伦泽–康格冰架崩解。格伦泽–康格冰架所处的位置在南极洲东部。此前，人们一直认为这片区域的气温相当稳定。在崩解发生时，该地局部地区的气温比以往的记录足足高出40℃。这次事件中，最引人担忧的部分已不是冰架崩解的发生，而是崩解发生的地点。

迫近极点

尽管气温不断升高，但在南极大陆本土，由于冰层很厚，气候变化对这里的影响似乎还比较小。在这里，从冰层里戳出来的黑色岩石像高塔般耸立，这便是山峰。这些山峰的山坡和山脊被埋藏在冰雪之下。虽然这些山看起来灰白暗淡，但它们却是在世界最南端繁殖的鸟类——雪鹱的避难家园。

雪鹱是生性坚强的小动物，它们的体形比野鸽大不了多少。和大多数极地鸟类一样，雪鹱也有浓密的羽毛，且体内储存了大量脂肪以抵御严寒。但令人惊讶的是，雪鹱的巢穴距离海岸达440千米，这距离它们觅食的地方非常遥远。雪鹱的筑巢地点藏在岩石的凹处和缝隙中，这样可以抵御部分凛冽刺骨的寒风。这些鸟儿之所以生活在如此极端的环境中，可能是因为它们无法在有冰或可能有液态水的地方产卵。此外，这里地处偏远，远离捕食者，但在这片冰原岛峰中也并非完全没有捕食者，南极贼鸥就会乘虚而入。不管怎么说，选一个合适的庇护所是重中之重，雪鹱会为之争斗不休，不过它们打架用的伎俩可一点儿也不干净。两只雪鹱打架时，其中一只可能会把油腻的呕吐物吐在另一只身上。如果雪鹱不能及时

▲ 在一处多岩的悬崖边上，一对雪鹱找到了一个完美的筑巢点，这个地方可以供它们躲避一部分糟糕的天气和捕食者，比如天敌南极贼鸥。

从羽毛上清除掉呕吐物，它们可能会死。不过通常而言雪鹱只要在雪里洗个澡就可以去掉污渍，然后它们就可以干干净净地去寻找伴侣了。

　　雪鹱终生都能交配，对它们来说，寻找配偶是一件简单的事。在雪鹱的社会中，想要寻找伴侣的新手雄性雪鹱首先必须通过一场惊心动魄的求偶仪式的测试。在这场仪式中，雌鸟会以极快的速度飞行，而雄鸟必须紧紧跟随，它无法得知雌鸟的下一步动作。雌鸟会直直地飞向岩壁，并且在最后一刻转向，如果雄鸟不够敏捷，很容易就会撞上山峰。但如果雄鸟是一名出色的飞行员，那么它就能通过这场测试。不过，求偶是否成功也可能与其他因素有关，比如雄鸟的嗅觉和声音。如果雄鸟求偶成功，它就会抓住雌鸟的尾巴，随后双双降落到地上并开始交配。

　　雪鹱的巢穴里铺满了卵石和羽毛。当雌鸟产下唯一的一颗蛋，父亲就会立刻担起孵化的责任，通常这一班育儿岗也是时间最长的。在这个过程中，雄鸟会忍饥挨饿，一直到雌鸟从海上觅食归来，和自己换班。亲鸟换班会越来越频繁，到最后一班只有1~2天，这时，幼鸟也已经成长到可以独自在巢内活动。然而，每次雪鹱亲鸟外出都可能是一次致命之旅，在海上觅食捕猎的往返距离往往可达1500千米左右。

奇妙新世界

除了雪鹱居住的冰原岛峰和横贯南极山脉等山脉外，南极大陆的大部分地区都是白茫茫的一片。然而，科学家在南极冰原正下方探测到的地质地貌令人兴奋。

首先是火山。近年来，人们在西南极洲冰盖的冰层下发现了好多座火山，其中至少有21座已经被探明，未来可能还有更多的火山等待被发现。在这些火山中，有些仍在活动，有些则非常古老，但人们还不知道这些火山对于冰层融化有多大的影响。例如，南极洲西部地下的地幔热柱可能正引起松岛冰川融解，目前，松岛冰川是南极洲融化速度最快的冰川之一。不过，监测冰川变化的科学家认为，火山活动并非导致冰川消融的主要原因，实际上是较为温暖的海水正在逐渐蚕食冰川的冰架底部。

在南极大陆的其他地方，火山往往处在目力可及的地方。位于麦克默多湾罗斯岛上的埃里伯斯火山是南极洲海拔第二高的火山，仅次于西德利火山，也是世界上地理位置最南的活火山。它是地球表面仅有的几座有永久性火山口熔岩湖的火山之一。在迄今为止的至少50年间，这座熔岩湖一直有岩浆往湖面涌动。这里的熔岩与众不同，因为它是一种响岩，是一种稀有的细粒火成岩。这种岩石有薄而坚硬的分层板块，如果用锤子敲打会发出清脆的铃声一般的响声，响岩也因此得名。

在这座火山的上部还有巨大的空心冰塔，冰塔下面是冰洞。这种结构是在火山附近的喷气孔上自然形成的。当二氧化碳排出时，温暖的地面首先融化靠近地面的冰雪，厚厚的冰雪自底部被掏空，形成了类似洞穴的结构，然后融化的雪水被蒸发变成水蒸气，最后这部分水蒸气上升后遇冷凝结成水，并再次被冻结，积聚成冰晶，逐渐形成烟囱状的冰塔。

埃里伯斯火山山坡上的"桑拿洞"上方形成了一个被寒冰冻结的"火山口"。火山中的气体从山体表面的喷气孔喷出，气体中的水蒸气冻结后形成了一座高高的冰塔。

（下右）
位于麦克默多湾的埃里伯斯火山是世界上仅有的几座拥有永久熔岩湖的火山之一。它是地球最南端的活火山，也是南极洲最活跃的火山。

干谷

（上）

速度超过113千米/时的强劲下降风携带砂砾，将这块风棱石侵蚀，它像是倒塌的复活节岛雕像。

（下）

大学谷（University Valley）谷底寒冷干燥的永久冻土在地球上非常罕见，可能只出现在麦克默多干谷，但在火星北部极地的凤凰号火星探测器着陆点却很常见。

　　南极洲的干谷是这片冰封大陆上一道令人意想不到的奇特景观。整片干谷可以分成3种不同类型的区域，即解冻区、高地干燥区和中间区，每个区域都有自己的小气候。干谷中靠近海岸的地区夏季气温可升至0℃以上，这个地区会下雪甚至下雨，不过年降水量仅在100毫米以内。干谷的高原地区则拥有地球上最极端的荒漠气候，平均气温为零下23℃，最近记录的极端最低气温为零下69.07℃。高原地区的湿度也很低，长期来看也很少降水；仅有的一点降水是每年不超过10毫米的雪，而这些降水也会在数小时内蒸发掉。

　　由于干谷周围的雪山非常高大，足以阻挡东南极洲冰盖向罗斯海流动，因此干谷非常干燥，基本上没有冰。干谷的谷底覆盖着砾石和沙子，表面上看起来就像是覆雪的山脊，但它实际上是几座流动的新月形沙丘之一。这座干谷是南极洲积沙最多的地方。强劲而持久的东风以每年约1.5米的速度吹动沙丘，将谷底表面的积沙吹走，露出下方的永久冻土。从这些裸露的地面，人们可以窥见谷底的永久冻土是多边形的，像人行道路面的砖块一样，纵横交错地分布着。这些永久冻土是在反复的冻—融循环中形成的。冰层来自于水蒸气的凝华，而非液态水的凝固；冰层固结了冰冻的土壤，形成了这样奇特的景象。地面上的多边形地貌更类似于火星上的地貌，而非地球上的。也正因为如此，该区域现在受到了保护，限制人员进入。

　　迄今为止，人们在干谷中记录到的最高风速为178.93千米/时，沙子和冰块被强风吹得四处飞扬，干谷里到处都是被风吹成的奇特天然雕塑，形成了所谓的风棱石。这些岩石被风吹起的颗粒打磨得非常光滑，其中一块巨大的风棱石被雕刻成了天鹅一般的形状。

　　在干谷中，人们还发现了一些被冷冻风干、一触即碎的威德尔海豹和锯齿海豹的尸体，它们已经木乃伊化。我们无从得知这些动物是如何来到这片距离海洋数千米远的干谷的，我们只能推测，也许在大约2000年前，这些动物在去往海洋的途中走错了路。

　　1903年12月，英国极地探险家罗伯特·福尔肯·斯科特、威廉·拉什利和埃德加·埃文斯在前往海岸的途中偶然发现了干谷。他们在这里停留了几小时，观察到了许多直到最近才得到学界的正式表述的地貌，他们的发现还包括一只威德尔海豹木乃伊。斯科特后来写道：

"这肯定是一座死亡山谷。"不过拉什利的一句话打破了这里的神秘，他说："这真是个种土豆的好地方！"

拉什利真的来种的话，他的土豆在夏天还真能有机会生长，因为当阳光照射到赖特冰川，冰川融水在其西面的布朗沃思湖中积聚时，就会淌过赖特谷的地面，形成奥尼克斯河。奥尼克斯河并非流向大海，而是远离大海。奥尼克斯河的河道呈分散的发辫状，被临时砾石岛隔开。河道沿途，奥尼克斯河的支流将与其他几座冰川的融水和沉积物一起汇入洪流，最起码在"洪水年"是这样，最终这股洪流会全部流入永久冰封的万塔湖。据说，万塔湖拥有世界上最清澈的冰面。

可以想象，奥尼克斯河和前文提到的湖里都没有鱼，但这里存在着其他的生命。在水中生活着许多不同种类的硅藻，硅藻会根据不同的光合作用色素形成不同颜色的微生物垫。在这片荒芜的土地上，只有这些藻类附近有着大量生命。轮虫、缓步动物和线虫是这里最主要的永久居民。水体附近还生长着苔藓，偶尔也会有贼鸥在此落足。但这片水体中不存在维管植物，因此水中几乎没有生物碎屑。

奥尼克斯河的主要河流系统长约28千米（一说32千米），它也是南极洲最长的河流，不过每年这条河的大小和流量会有些变化。有些年份，奥尼克斯河的溪流能流淌长达10周；而有些年份，奥尼克斯河根本就不流动。说到底，这个地方大概也不适合种土豆。

◄ 根据卫星图片，冰冻沙丘的表面以每年约1.5米的速度在维多利亚地的干谷表面移动。

温特塞湖

　　早些时候，在南极洲毛德王后地的群山中，科学家已于温特塞湖3米厚的永冻冰原之下有了不少令人振奋的发现。最近在这一冰原之下，科学家又有了令人激动的新发现。温特塞湖有6.5千米长，其北面是阿努钦冰川。根据目前的估测看，它的最深处有170米，实际也许比估测得更深。温特塞湖所处的环境极为恶劣，那里的年平均气温在零下10℃，日常风速约有160千米/时；幸有冰层带来的温室效应，温特塞湖才得以存在。湖面上的冰层清澈透明，夏日的太阳光能穿透冰层，全天候地为冰层以下的水送去热量。在冬天，厚厚的冰层又能为湖水隔绝外界的极端低温。湖里没有高等植物，也没有无脊椎动物或者鱼类，是一个独属于微生物的生态系统。

　　在20世纪30年代，人们首次在空中发现了这一湖泊，并将它命名为温特塞湖（Untersee，德语），意思是"下湖（海拔较低的湖）"，它的附近还有个"上湖（海拔较高的湖）"——奥伯塞湖。直到2008年，人们才在一次去温特塞湖的科考中，意外地发现了这座生物学宝藏。来自地外文明探索（SETI）机构的戴尔·安德森是此次科学潜水勘探活动团队中的一员，他与两位同事，即来自怀卡托大学的伊恩·霍斯和来自美国航天局艾姆斯研究中心的克里斯托弗·麦凯在冰面下有了一些非比寻常的发现。

　　"在2008年那次科考的最后10天里，"戴尔回忆道，"我们在3米厚的冰层上凿开了一个直径1米的洞，第一次直接观察到了湖底的样子。利用水肺装置，我们探索了冰层以下的世界。在第一次

▲ 现在是南极洲东部毛德王后地温特塞湖的仲夏时节，湖面上仍然覆盖着4米厚的冰层。

下潜的过程中，我发现湖底有大面积的锥形叠层石，最高的能有70厘米。我一看到这些锥形石就立刻用无线电装置对冰面上的勘探队说这儿到处是大型的锥形微生物垫。一开始他们还想象不出我说的场景，然后我就说了，这湖底就像是有人在这里丢满了巨大的锥形交通路标。"

温特塞湖底锥形叠层石的出现令人始料未及。虽然世界上也有许多大小不一、形状各异的叠层石活体，例如澳大利亚的沙克湾和巴哈马的埃克苏马群岛都以此闻名，但是像温特塞湖底这样的还未有先例。在这里，现代活性微生物群落的活动仍同数十亿年前一样，在湖底逐渐凝结成大型的锥形叠层石。早年间，戴尔曾与其他科学家一同研究在南极洲其他湖泊中生长繁茂的蓝细菌微生物垫，即现代叠层石，比如麦克默多干谷里的，但是温特塞湖底的叠层石和这些截然不同。

在温特塞湖底，蓝细菌微生物垫进行着光合作用，它们有两种基本结构。一种颜色较浅，形状如同手指，有着尖塔结构，长度可达15厘米；此类结构在世界范围内都随处可见。另一种则是如戴尔所述的大型锥形叠层石结构；这种较大的结构呈现出一种较深的红色，其成因是此处大量的蓝细菌富含藻红蛋白，这种藻红蛋白可以吸收微弱的蓝色光来进行光合作用。这样的锥形结构可以在湖底长至半米多高。这些尖塔结构与锥形结构是由蓝细菌群和其他微生物群落组成的。这些生物又一起组成生物膜，生物膜会在原有结构的基础上粘住极薄的一层淤泥或黏土，周而复始，叠层石就这样以每年数十微米的速度生长着。

科学家认为，温特塞湖的叠层石之所以能生长，是因为此处的湖水清澈透亮，阳光可以透过湖水到达湖底，叠层石中的微生物可以继续进行光合作用。温特塞湖是世界上最清澈的湖泊之一。潜水员的最大下潜深度只有40米左右，而放到湖底的遥控小车发现锥形叠层石在的地方能有水下100多米深；即使是160米的深水处，阳光已经非常微弱了，微生物垫仍然可以进行光合作用。除此以外，温特塞湖还有着许多非比寻常之处，比如，整个湖除了其中一端缺氧以外，绝大部分的湖水都是溶解氧过饱和的，湖水的pH（表示溶液的酸碱度）也很高。

"尽管湖水的pH在10.6左右，但温特塞湖的湖水并非如一般的碱水

▼ 大的锥形叠层石和较小的尖塔状叠层石在温特塞湖底以令人难以置信的缓慢速度生长，这些活体叠层石在地球上绝无仅有。

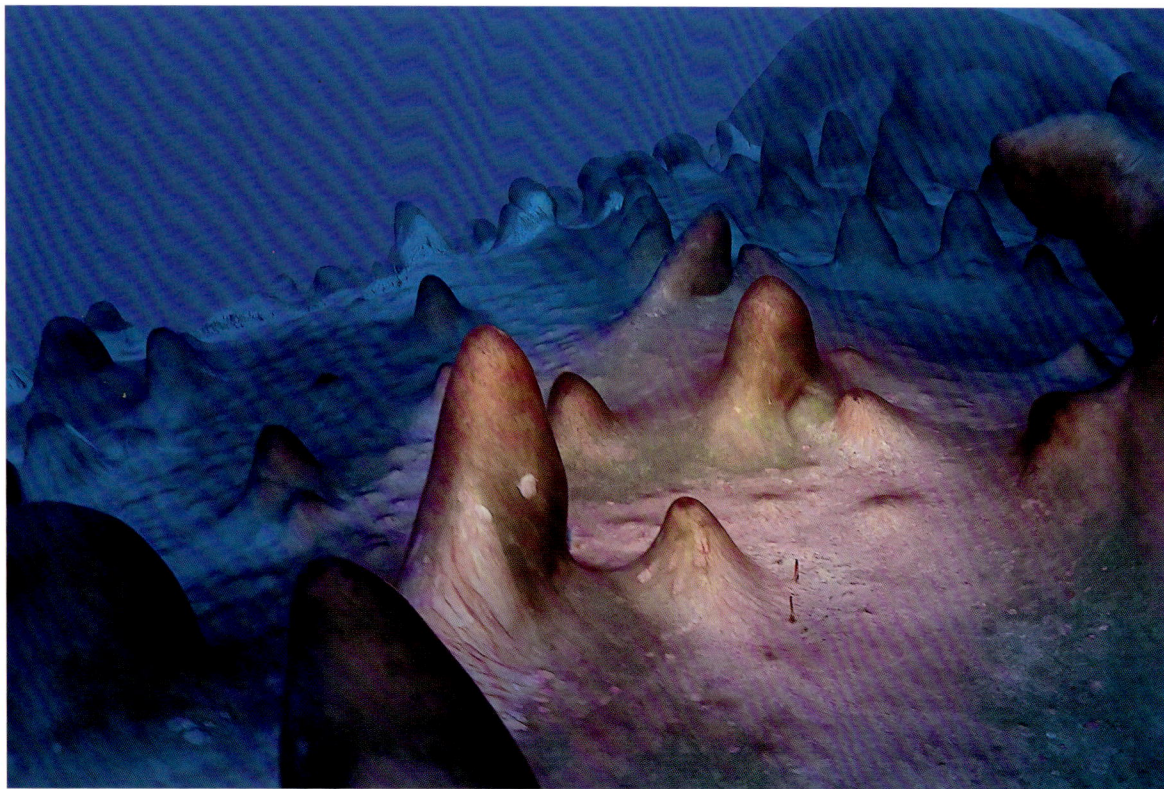

湖一样是碱性的。"戴尔说，"温特塞湖里的水是缓冲性较差的淡水，湖水的高pH主要由两个原因引起：一是湖底的母岩在风化作用下会在水中释放出氢氧根离子（OH^-），使得湖水的pH升高；但更重要的是第二点，由蓝细菌组成的微生物垫吸收了水中的二氧化碳（准确说是碳酸氢根离子，即HCO_3^-），这也让湖水的pH升高。一旦去掉湖面上的冰层，大气就有机会与湖水进行充分混合，湖水的pH会迅速回落至中性。正是有了这一密封的冰层，湖水很少，甚至完全不会与大气接触。"

"为了研究叠层石的内部纹层，我们采集了一截小型锥形叠层石并将其切片，切开后发现这样的纹层是我们以前在文献记载中见过的。类似于温特塞湖底的大型锥形叠层石如今都以化石形态留存在西澳大利亚皮尔巴拉地区的斯特雷利湖燧石中。这些化石可以追溯至34.3亿年前地球生命诞生的黎明时期，那时的太阳亮度比现在要弱30%，并且大气、湖泊、河流和海洋中几乎都不含氧气。然而在那时，蓝细菌就已进化出了光合作用：利用太阳的光能来分解水，再将水分解后产生的氢与从大气中捕获的二氧化碳结合，生成碳水化合物（糖），并在这一过程中将氧气释放回大气中。这一过程如此持续，地球因此变成了现在的样子——适宜多细胞生命生存并且有着丰富的物种多样性。"

斯特雷利湖的化石是地球上最古老的生命记录之一。戴尔认为，在这座南极洲湖泊下的独特生态系统不仅能帮助科学家研究地球最早期的生物圈，也可能帮助科学家构想火星表面冻湖下的早期生物圈样貌。他还提出了一个更激动人心的推理：在南极洲温特塞湖如此严酷的环境下，生命依然能存在，那在外行星的冰冻卫星上被牢牢冰封的海洋中，或许也有着类似的生命存在。这样的展望着实令人心潮澎湃！

第五章

冰封的大地

在南靠欧亚大陆和北美大陆的温带森林，北邻北冰洋的高纬度地区，有一片广袤的冻原和针叶林将整个北半球环绕起来。每年这片冻原和针叶林都会经历漫长且寒冷的冬季和短暂又逐渐升温的夏季，是生命力异常坚韧的动物和植物的家园。生活在这里的动物和植物都已经适应了祁寒酷暑的极端环境。在这一地区，气温的波动可能会非常剧烈。例如，2020年6月20日，人们在俄罗斯境内的上扬斯克镇记录下了高达37.8℃的夏季最高气温，这是北极地区有史以来的最高气温。同时，这个小镇也是世界上最寒冷的永久定居地之一，在这里曾有过零下67.8℃的世界最低气温纪录。当地人认为上扬斯克镇和距其大约630千米的奥伊米亚康同是极北"寒极"。这两个地方都位于副极地大陆性气候盛行的西伯利亚针叶林最北端，但到了冬季，这里的气温可能比北极还要低得多。

▼ 在俄罗斯远东地区，一只雄性东北豹在自己的山脊领地上巡逻，俯瞰乌苏里针叶林。

冻原和针叶林

地球上更偏北的陆地地带，即北极冻原，与北冰洋相接。在冬季，这里的平均气温为零下34℃，冰雪覆盖着冻土，在长达3个月的时间里，这里都是漆黑一片。这里的年降水量也少得出奇，仅略高于380毫米。这里气候的干燥程度与潮湿年份时的索诺拉沙漠不相上下。在冻原上少得可怜的雨水中，2/3是夏季降水，剩下的都是冬季降雪，因此冻原就是干燥的极地沙漠。

稀薄的冻原土壤呈酸性，养分贫乏，排水不畅。大片的冻原被永久冻土覆盖，被冻结在地表以下，浅的仅在地下1米，深的可达地下1500米。冻原埋藏得最深的地方在西伯利亚北部的勒拿河和亚纳河流域。俄罗斯北部的大片地区都有永久冻土，世界上的其他冻土区域则多存在于加拿大、阿拉斯加、格陵兰岛和北欧等地。自从上个冰期以来，这些冻土一直都保持着最原初的状态。

在高纬度地区，由于全年持续低温，冻原上几乎没有高大的树木，只有矮柳。矮柳最多生长到

15厘米，是世界上最矮的木本植物之一，但矮柳是冻原上最高的树木之一。除了矮柳之外，冻原上还生长着耐寒的其他矮灌木、草、苔藓、苔草和地衣等。到了夏季，气温上升到12℃，积雪消融，不同种类的野花在此盛开，甚至连授粉昆虫也随处可见。在冻原上，所有植物的根系都很浅，它们都生长在最表面的"活土层"，活土层能够冻结和解冻，而冻原上其余的土壤则终年都冻得结结实实。许多低矮的冻原植物聚集成丛，集结成冻原上的垫子，以抵御这里严酷的低温，同时也能适应无情的烈风。

冻原上的动物种群数量随着季节的变化而有所波动。在夏季，冻原上有大批随季节迁徙的动物涌入，冬季前它们又大批地离开。冻原上的永久居民都长有厚厚的羽毛或皮毛和一层皮下脂肪，能够适应寒冷的气候。这些动物会选择在春季和夏季迅速繁殖与养育后代，这样它们的后代能在

冬季来临前愉快成长。而另一部分的冻原动物则会选择冬眠，从而跳过整个冬季。

在北方森林或针叶林中却是另一番景象，这里遍布着树木。冻原以南，成片的针叶林从阿拉斯加延伸到加拿大和北欧，一直深入西伯利亚。针叶林是地球上最大的陆地生物群系，但对野生动物来说，针叶林却是最缺乏多样化的生物群系之一。在针叶林中，树冠呈圆锥形的针叶树或者说常青树占据了主要地位。在这里，常见的树木有冷杉、松树和云杉，有它们生长的地方，其他许多植物就无法生长了。不过在沼泽地区，我们却能见到许多诸如橡树、桦树、柳树和桤木之类的阔叶树。

寒冷多雪的冬季和温和湿润的夏季有利于针叶树的生长。冬季干旱，土壤中的水分被冻结，无法利用，这对树木来说是比严寒更大的问题。大多数树木的树液中都含有"防冻剂"和"冰核"成分。这些成分，甚至是细菌，能从树的细胞中析出液态水，浓缩糖分，使细胞内的液体具有较低的冰点。常青树的叶子通常呈针状，失水少，秋季不落叶，春季也不需要再长叶子，这是一种节能策略。此外，常青树的叶子还呈深绿色，可以最大限度地利用太阳能。这些树木的枝条外翻、顶端尖

锐，这也是一种简单的环境适应策略，长成这种形状可使积雪从枝条上自然滑落，而不会堆积过多，最终压断枝条。

北方森林中的动物与树木面临着相似的环境挑战，在这里，动物适应环境的方式也与冻原上的动物相似。相对冻原动物来说，生活在针叶林里的动物可以利用树的高度优势在树上筑巢、躲避天敌。许多食草动物可以食用针叶树提供的大量种子。而在食物链的更上游，一些食肉动物体形庞大，凶猛异常，与针叶林的严酷环境相映成趣。然而，当冬季来临时，许多食肉动物会选择冬眠或利用休眠状态来度过最糟糕的天气。而在本书之后的章节中你会读到，还有一些动物会在冬季把自己几乎冻成冰块！

夏季，位于俄罗斯北部的西伯利亚的勒拿河源头和源头周围的针叶林

狩猎开始

由25只狼组成的超级狼群正在加拿大北部的森林野牛国家公园里寻找美洲森林野牛。

这片一望无际、白雪皑皑的空地，起初看起来毫无生机，突然，人们的目光被一个移动的黑点吸引住了。在这个黑点身后，一个接着一个，一群像狗一样的动物的身影，在平原上奔行。原来这是一群由25只狼组成的超级狼群。这群狼正在寻找一种体形庞大、力量强劲到任何其他北美食肉动物都不敢轻易捕食的猎物——美洲森林野牛。

美洲森林野牛生活在横跨加拿大艾伯塔省东北部和西北地区南部的森林野牛国家公园。在这座国家公园中有大片的北方森林、未受破坏的草地和莎草草甸，养育着世界上最大的美洲森林野牛种群。更为人熟知的是美洲平原野牛，美洲森林野牛是它的北方近亲。美洲森林野牛体形巨大，体长3米以上，肩高约2米，体重有的可达1吨，比美洲平原野牛更强壮、更魁梧，是北美洲体形最大、体重最重的动物。

拥有如此庞大的身躯使美洲森林野牛在北方的寒冷气候中占据得天

独厚的优势。它们的庞大身体能够产生更多的热量，并能储存更多脂肪，而它们厚厚的皮毛是很好的隔热层，即便是落在牛背上的雪也不会融化。冬季的温度有时候会下降至零下40℃，在这样严酷的环境中拥有这样的身体构造是非常有利的。

人们认为，超级狼群是一个大家庭，家庭中的老幼主要依赖于狼群中最有经验的追踪者，即狼群中领头的公狼和母狼。头狼会决定什么时候捕猎和捕什么猎物。狼群会尽量靠近美洲森林野牛，而不会游走得太远，但它们所在的猎场太辽阔，狼群可能仍然需要长途跋涉才能重新追踪到牛群并进行狩猎。

狼通过美洲森林野牛在雪上留下的气味追寻它们的踪迹。当看到牛群时，狼就会开始权衡自己的猎物选择。狼群会本能地在牛群中寻找小牛犊，如果找不到，那么它们就会转而寻找年老体弱的个体。狼群以某种不可知的方法探知到牛群中的老弱个体，它们的一些微小动作能暴露自身的弱势，而这种动作我们作为人类无法察觉。不过观察狼群的科学家已经确定了狼群狩猎成功的3个因素：速度、落足点和地面上的障碍。

这两个物种在速度上势均力敌：狼的最高速度约为61千米/时（一说69千米/时），美洲森林野牛的最高速度则约为55千米/时。但美洲森林野牛的耐力更强，如果狼群在地面坚实的开阔地带展开狩猎，美洲森林野牛就能跑开不被追上。因此，在夏季和初冬，狼群的狩猎往往不太成功。冬季，深厚松软的积雪会成为美洲森林野牛的障碍，狼群则占据优势。到了2月底和3月初，地面上的积雪会结成冰壳。狼的体重很轻，可以在上面轻松奔跑，而美洲森林野牛在踏破冰层后，速度就会减慢；如果整片雪地上

▲ 牛群正在一小片树林里躲避狼群。

都是坚硬的冰层，美洲森林野牛就能很好地站稳脚跟，从而逃脱。然而，落脚点的位置也可能成为美洲森林野牛的阻碍，如果它们被灌木丛绊倒，那么在几秒之内它们就会被狼群抓住；如果狼被绊倒，那么就意味着猎物会逃跑。在森林里，尽管美洲森林野牛可以撞断乔木和灌木丛，把狼群远远甩在身后，但这些植被往往也会挡住它们自己的去路。

狼群中通常有5~6只"杀手"狼。它们会承担捕猎风险，捕杀美洲森林野牛。狼群中其余的都是年轻的狼，它们是为了食物和学习捕猎技巧而来到猎场的，它们必须学会如何捕猎。成年美洲森林野牛体形庞大，力大无穷，如果捕猎途中出现意外，狼可能会严重受伤。有些狼会被美洲森林野牛踩死、被牛角刺死或被牛蹄踢死，单是美洲森林野牛的一脚就能对狼造成致命一击。一些幸运的狼可能只是断个腿，但人们也曾发现几只死去的狼——它们的下巴都骨折了。这些狼很可能是被饿死的，因为它们没有办法捕猎，也没办法吃东西，对于它们来说，一切都完了。因此，狼群必须对又踢又蹬的牛蹄保持极大的警惕。

尽管可能已经有五六天没有进食了，但狼群还是以一种非常悠闲的姿态开始狩猎。它们绕着牛群溜达，牛群的规模可能与狼群不相上下。接着它们就伫立在原地，静静地观察牛群。对此，美洲森林野牛们的反应是

▲ 狼群正在玩着一种
以逸待劳的"等待游
戏",而美洲森林野
牛们则紧紧地聚在
一起。

挤在一起,犄角朝外排成防御方阵。一头年轻的公牛可能会假装冲锋,然后在意识到自己的错误后,迅速返回到牛群中。狼群则几乎一动不动。如果牛群中没有体形明显偏小的牛犊,狼群就别无选择:它们必须捕猎一头成年牛或是较为年轻的小牛,而唯一的办法就是让牛群中的一头牛精疲力竭,这样就会让牛群自乱阵脚,让牛群中的个体惊惶逃窜。

牛群被狼群的突然行动吓了一跳,它们飞奔起来,头狼紧跟在落后的美洲森林野牛身后。一只狼咬住了其中一头美洲森林野牛的尾巴,却被踢了一脚。第二只狼也尝试捕猎,这次它幸运地保住了下巴。然后,牛群转而逃进了一片灌木丛,在这里,猎物占据了上风。美洲森林野牛可以像推土机一般碾过灌木丛和低矮的小树,而当植物的枝条弹回原处,狼群的去路会被挡住,这样它们就很难跟上这群美洲森林野牛了。于是,狼群改变战术,转而和对方玩起了捉迷藏。

现在,狼群的任务是将一小部分美洲森林野牛从牛群中分离开来。在灌木丛中,狼群失去了目标,但这时一头美洲森林野牛折断了一根枝条。其中一只狼单独行动,将一小批美洲森林野牛赶到了空地上。追逐战再次打响,尽管狼群已经失去了刚开始的冲劲,但这次狼的数量是美洲森林野牛的两倍。此刻,捕食者和猎物都已经筋疲力尽。狼群开始吃雪以补

◀▲ 狼群想出了吓跑北
美森林野牛的办
法，让它们有机会
把一头野牛从整个
牛群中孤立出来。

充水分。突然，有几头年轻的美洲森林野牛发了疯，仓皇向狼群冲去。看到它们没有牛群的保护，狼群立刻将其中的一头美洲森林野牛孤立出来，迅速扑向它。狼群抓住这头美洲森林野牛的腿，最终将挣扎的猎物放倒，与此同时，它们仍要躲避牛蹄的踢打。现在，狼群猎杀这头落单的美洲森林野牛只是时间问题。在这样恶劣的环境下，超级狼群齐心协力，今晚一定能大饱口福了。

美洲森林野牛的问题在于，它们在深雪中处于劣势，而且不仅仅是在移动方面：由于它们的食物被埋得很深，它们在深冬可能会营养不良。不过，它们的身体确实有一套"备用系统"。美洲森林野牛可以减缓身体的新陈代谢，让食物在肠道中的移动变得更慢，这样就可以吸收更多的营养，这也就意味着它们要减少身体能量的消耗，不能快速跑动，尤其是在被大雪困住的时候。在一整年中，美洲森林野牛更容易在2月和3月受到狼群攻击。如此规模的狼群对食物需求巨大，它们每隔三四天就必须成功捕猎一次才能维持生存。为了以防万一，狼也有"备用计划"：如果狩猎机会有限，它们会回去啃食之前被猎杀的猎物的尸体，并捕食偶尔出现的野兔充饥。森林野牛国家公园的狩猎条件非常艰苦，在这里生活的狼一般只能存活6~8年，而被圈养的狼寿命可达20年，但是狼群已经在这里生活了很长时间，狼群与美洲森林野牛之间的捕食者和猎物的关系在过去的几千年来从未被打破。

拍摄手记

加拿大北部

"毋庸置疑,加拿大森林野牛国家公园地域广阔。"助理制片人威尔·劳森说道,"在一个比瑞士还大的地方,光是在地面上搜寻我们拍摄的主角就是一项巨大的挑战,更不用说拍摄它们了。更令人感到棘手的是,狼群的行动速度惊人,它们通常一天能走16千米或者更多,在追捕美洲森林野牛时的行程甚至能达到这个距离的两倍。这也意味着我们必须调用一架侦察机和一架直升机。但为了使这组镜头别具一格,我们不仅要从高空俯拍,还要在狼群和美洲森林野牛的视线高度进行拍摄。直到抵达目的地,我才恍然大悟:这说起来容易,做起来难!"

在拍摄过程中,整个摄制组兵分两路。一组人员将乘坐直升机从空中拍摄。直升机机头的一侧安装了一台超长焦摄影机,固定在带陀螺仪的支架上,这样一来,拍摄的画面就不会晃动,可以从空中远距离拍摄到稳定的特写镜头。杰米·麦克弗森担任了此次拍摄的航拍摄影师。

杰米回忆道:"我们的直升机飞行员是我见过的最棒的飞行员之一,飞行技术非常高超。人们可能会认为从直升机上俯拍是件很容易的事情:你只需要在动物周围飞来飞去就可以了。但实际上在拍摄的时候,我们必须非常小心。我们顺风飞行,拍摄过程中尽量不去影响动物的行为,也不能惊吓到狼群或美洲森林野牛。"

地面上的第二组人员计划尽量多花时间与狼群和美洲森林野牛相处。在理想

▲ 摄制组利用一架侦察机对美洲森林野牛和狼群出没的广阔地区进行侦察。这架侦察机消耗的燃料比直升机少，因此直升机只在有拍摄任务时才出动。这也是摄制组为降低碳足迹做出的努力之一。

的情况下，直升机会在离狼群狩猎地点一两千米远的地方降落，机组人员会迅速并悄无声息地赶去现场。对威尔来说，这一切似乎易如反掌——至少在一开始的确如此。

"当我和野生动物摄影师贾斯廷·马奎尔在地面上就位的时候，我们简直像是经历了一场雪的洗礼。直升机只能半着陆，因为我们不想让直升机的滑橇起落架陷进雪里太深。螺旋桨在头顶呼啸时，我们要争分夺秒地卸下装备，然后尽可能多地固定好装备，或者躺在上面，以免任何东西被卷进螺旋桨叶片。随后，航拍小组起飞，直升机带起的倒灌风带起一阵暴风雪，无数晶莹剔透的雪晶劈头盖脸地向我们袭来。当发动机富有节奏的轰鸣声逐渐远去，我们才觉得自己可以安全地抬起头来。在肾上腺素的刺激消退之后，我们发现自己已经置身于这片广袤、宁静又看似祥和的美妙景色中了。"

这种强烈的反差也深深触动了贾斯廷。

"上一刻，我们还在温暖、嘈杂的直升机里，在一片白雪覆盖、看似毫不宜居的广阔地带的上空飞行；下一刻，我们就落在了这片皑皑白雪中，突然之间，我们就被绝对的安宁与静谧所震撼。这时，我所有的感官都被这寒冷的空气、脚踩上雪面的脆响激活。这时，人就会对周遭事物的运动、风向和气味变化，以及自己所在的位置变得更加敏感。你会注意到每一棵树，每一根折断的树枝，每一块冻土，每一座雪堆。这时，我们每走一步或突然移动都可能暴露自己的位置，也就是在这时，我们才开始意识到我们将要拍摄的动物到底过着什么样的生活。这种深入荒野的感觉才是一名野生动物摄影师的经历中最精彩的部分。"

但是，地面工作人员首先要找到野生动物，这就意味着他们要带着大量装备在雪地里跋涉。由于天气变化无常，而且距离基地有50~80千米，每次直升机将地面工作人员送至地面后的几天里，他们都需要自给自足。没有人能肯定地说直升机在什么时候能把他们接回去。摄制组的每名成员都有60千克重的物资：帐篷、睡袋、口粮、打火工具、急救用品、备用衣服和摄影设备，所有的物品都绑在了雪橇上，所以摄制组成员必须拖着雪橇在崎岖不平的雪地上行走。

威尔说："如果你从来没有穿着雪鞋、拉着沉重的雪橇在厚厚的无痕粉雪上冒险跋涉过，那么我只能委婉地用'艰苦'一词来形容这一体验。在我们经过的那片雪原上，地面表层结起了约5厘米厚的坚硬雪壳。在行进过程中，我们竭尽全力不踏破这层雪壳，因为这样雪橇就可以毫不费力地在光滑的表面上

▼ 由于摄制组要在这么大的区域中进行拍摄，直升机航拍是唯一能跟上狩猎行动的拍摄手段。

▲ 厚厚的积雪会大大减
缓美洲森林野牛的速
度，在经过雪地时它
们会直接陷进雪里。
而体重较轻的狼群则
可以在冰冻的雪地表
面奔跑。

滑行。然而实际上，几乎每走一步，我们都会踩破雪壳，陷进雪壳下的松软积雪里，积雪一直没到膝盖。这真是让人筋疲力尽。我不得不努力跟上贾斯廷，但他就像一台全力运作的机器一样，能在雪地上毫不费力地大步流星。最终，我跟上了他，我们也逐渐接近了狼群。"

为了保证拍摄成功，摄制组不得不依靠侦察机飞行员马修·埃哈特对于当地情况的了解。

他保持着鸟瞰视角，并通过无线电装置向两个摄制小组提供第一手信息。"狼群没有变化，一切进展顺利。"这句话是所有摄制组人员，尤其是地面工作人员最想听到的。不过现在的拍摄进度，距离成片还非常遥远。

"我和贾斯廷穿着雪鞋在雪地上花了足足1小时才走了1500米，一切都还算非常顺利。我们正准备走完最后一小段时，无线电装置轻声响了起来：'各位，狼群已经起来，开始热身了。'我们迅速地改变了路线，试图先到达它们可能去的地方。在吭哧吭哧加速和与雪橇'搏斗'了几分钟之后，我们离目的地只有100米远了。这时无线电装置里又传来了新的消息：'朋友们，你们得快点了，现在整个狼群都已经行动起来了。你们走的方向没问题，不过它们估计不会停太久。'"

　　10分钟后，狼群已经前进了近3千米，威尔和贾斯廷热得满头大汗并且焦头烂额。他们花了1小时，汗流浃背才走完一半的路程。贾斯廷曾经经历过这种状况。

　　"在这种极度寒冷的环境下，在地面上工作和搬运装备非常困难。在零下25℃或更低的温度下，在厚厚的积雪中背着装备、拉着雪橇很快就会让人疲惫不堪，最大的风险是过热和出汗。在长途徒步之后人们通常需要静坐休息数小时才能恢复体力，而如果这时身体已经大汗淋漓，那么这数小时的静坐就不会让人恢复了。在这种徒步中，穿多穿少很有讲究，大衣内兜里放着的备用干袜子在这时候可是大救星！"

　　在接下来的几天里，摄制组试图先发制人，确定狼群的行进方向，提前把地面工作人员放到它们前头。地面小队还试图趁狼群专注于美洲森林野牛动向的时候偷偷接近狼群，但所有的努力换来的，却是不同程度的失望。杰米很清楚他们应该继续寻找的是什么。

　　"想要找到狼，就得先找到一大群数量密集的美洲森林野牛。美洲森林野牛不想在狼群面前逃跑，因为这时狼群就有机会把它们放倒。狼群会在牛群旁边待上几小时，甚至几天，等待机会让牛群跑起来。在这期间，狼群会短暂地冲向牛群，试图引起牛群的惊慌。在我们离开森林野牛国家公园前的最后一个早上，我们终于发现了一群紧密聚集在一起的美洲森林野牛。果不其然，狼群也在那里。但这一次，狼群没有在牛群边上睡觉，而是在绕着牛群打转。然后，美洲森林野牛突然开始逃跑。"

　　威尔意识到他们拍摄的机会来了。

　　"我当时在侦察机上，我们看到狼群正在骚扰牛群。直升机搭载地面工作人员与航拍人员紧急起飞，迅速赶往现场。我们当机立断，让地面小队在安全的情况下尽量靠近行动地点，然后再次起飞，尝试从空中拍摄这次完整的围捕过程。地面小队只能准备好装备，坐等时机。

　　"我还记得我在远处观看并拍摄地面上这一幕的情景——这是我们等待了近一个月才得以目睹的景象。狼群追着牛群开始狂奔，狼群开始逐渐将选定的猎物从牛群中分离开。轮番作战的群狼追赶着牛群冲进茂密的柳林，一路冲断拦路的树枝，好像穿过草丛一样。在这期间，这两个物种在深雪中不顾一切地奔跑。我并不知道它们在追逐中跑了多少千米，但坦率地说，这场追逐中双方的奔跑速度和坚定不移的耐力非常可怕。我试着想象在这场追逐捕猎中狼群急促的喘息声和牛群厚重的鼻音，我现在才知道它们需要多么大的毅力才能活下去。这实在太令人震惊了。这让我意识到，对于捕食者和猎物来说，适应这个冰天雪地的世界并在其中生存下来，并不仅仅需要厚厚的皮毛并且找到食物，它们还需要力量、耐力、策略等。

　　"当我坐在那里对这一切惊叹不已的时候，捕猎的嘈杂声响在这片广阔的猎场里此起彼伏。慢慢地，狼群牢牢占据上风，追着一头落单的美洲森林野牛一直奔跑。当美洲森林野牛筋疲力尽时，狼群抓住了它，把它按在原地。

　　"狩猎结束时，这头美洲森林野牛存在过的痕迹几乎消失殆尽，雪地上只剩下一对牛角和一堆皮毛。吃饱喝足的狼群渐渐离开了我们的视野。我们接上地面工作人员，飞回基地，收拾好装备，当天就飞回家了。这次拍摄的成功真的是到最后一刻才见分晓！"

3点钟方向有狐狸

在狼群领地的北面有一片冻原。在冬季，这里是一个危机四伏又无处藏身的地方，然而也有动物——例如北极狐，找到了生存于此的方法。北极狐长得非常可爱，意志也非常坚韧。毫无疑问，北极狐是一种适雪动物，它们在寒冷的冬季依然能够茁壮成长。当北极狐蜷缩在雪地里休息时，厚厚的白色尾巴能够遮住它们的鼻子和眼睛，它们纯白的皮毛与背景中的白雪浑然一体，因而很难被发现。

北极狐的皮毛不仅是一种有用的伪装，而且非常保暖。北极狐每平方厘米皮肤上有2万根毛发，而人类平均每平方厘米皮肤上只有200根毛发。与红狐相比，北极狐的体形较小；它们的耳朵小小的，腿也很短，因此它们的身体表面积与体积的比值很小，损失的热量也就较少。北极狐的脚掌覆盖着毛发，腿部有高效的隔热层，腿里分布的血管构成逆流热交换

▼ 北极狐歪着脑袋侧耳倾听，这样就可以精确定位雪下北极旅鼠发出动静的位置。

系统：北极狐腿上的动脉和静脉靠得很近，因此动脉中的温血可以将热量传递给静脉，而不是从脚底散失。当然，这意味着北极狐的脚永远是冰冷的，这也许就是拥有温暖身体的小小代价吧。

与此同时，在冬季，北极狐还能将自己的新陈代谢率降低——相较夏季降低25%左右，因此当北极狐蜷缩在雪地或自己的雪窝里时，它们的行动就会变得很迟缓，消耗的能量大大减少，这在黑暗的冬季很难找到食物的情况下是一种非常有用的适应能力。但终有一刻，北极狐必须找到食物。

在冬季，除了偶然出现的冰冻动物尸体，雪地上没有太多的食物，但在雪底下却有大量的动物活动。这里是北极旅鼠的领地。北极旅鼠的体形比仓鼠还小，它们需要以新鲜的苔藓和其他绿色植物为食。这些旅鼠并不需要冬眠，它们可以在整个冬季都保持活跃状态。它们在地面和深雪之间挖掘了迷宫般的隧道，在雪毯的隔绝下，不管外界已经冷到夸张的零

▼ 北极旅鼠坐拥长长的雪底隧道。这些隧道的地面上还有植物生长，因此即使在冬季，它们也能取食。

下多少摄氏度，北极旅鼠依然能在其中生活得温暖又舒适。北极旅鼠需要吃的植物很容易就能在隧道的地面上找到，所以它们也不需要冒险外出，因此它们很难被捕食者抓住。首先，北极旅鼠的雪底隧道可长达15米，这些小型啮齿动物可能会出现在隧道的任何地方。要不是它们不知道什么时候该安静一下，要精确定位它们可不是件容易的事。北极狐的听觉非常灵敏，即使北极旅鼠躲在雪下1米深的地方，它们也能听到北极旅鼠的高频叫声和小爪子发出的啪嗒啪嗒的脚步声。一旦北极狐定位到雪底下的骚动就会做出非常奇特的举动。北极狐会先高高跃起，头朝下俯冲，用前脚和尖鼻子扎进雪地里；如果一次尝试失败了，北极狐就一而再、再而三地尝试，直到最终抓住北极旅鼠，把它从雪底下的藏身之处叼出来。

雪地的深度和积雪的质量对北极狐狩猎而言是至关重要的。北极狐在又硬又深的雪地里捕捉到北极旅鼠的可能性较小，不过这时，北极狐可以直接挖掘雪里的猎物而非扎进雪里去抓，这样成功率更高。然而，北极旅鼠并非总是唾手可得。据了解，在冬季，北极狐会长途跋涉，穿越冻原和冰封的北冰洋洋面，不遗余力地寻找食物——在2018年，一只年轻雌性北极狐就做出了如此壮举。

那一年的3月，科学家在挪威大陆北部斯瓦尔巴群岛的斯匹次卑尔根给这只北极狐装上了追踪器，到了7月，科学家一路追踪，看到它穿过北极来到加拿大的埃尔斯米尔岛。这只北极狐要离开它的故乡，然后开始寻找一个合适的地方作为新家。它的总行程达到了惊人的4415千米，这是北极地区有史以来距离最长的动物迁移之一，而且这只北极狐并非只是在闲逛。它平均每天行走45千米，甚至有一天它在格陵兰岛北部的冰原上行走了155千米，这是该物种有记录以来最快的移动速度。而这只北极狐身上还有更多惊人之处。

这只小北极狐出身自一个沿海居住的北极狐家族，这群北极狐通常不捕捉北极旅鼠，而是直接依赖北冰洋获取食物，有时也靠吃北极熊吃剩的猎物残骸为生。然而，当这只北极狐到达埃尔斯米尔岛时，它的饮食结构也随着所处的生态系统一同改变了——这只北极狐开始捕捉北极旅鼠为食。这是一个野生动物坚韧生命力和强大适应力的非凡传奇，也是一则引人入胜的科学记载。

在冬季的俄罗斯远东地区，一只胡须上结着冰的东北豹正在自己的领地里寻找食物。

虎豹争一林

北方针叶林位于冻原南面。这片森林坐落于寒冷的亚北极带，横跨亚洲、欧洲和北美洲。在北美洲，人们称之为北寒林；在俄罗斯，人们称其为泰加林。在俄罗斯远东地区的林区生活着一种孤独的森林捕食者——东北豹。如果没有幼崽需要哺育的话，它们向来独来独往。

东北豹体形很大，冬季皮毛厚实，它们的毛色相较其他豹亚种更浅，身上有间距较大、边缘粗重的黑色花斑，它们还长着一条毛茸茸的大尾巴。东北豹生来就能抵御寒冷，它们的大爪子就像雪鞋，可以在雪地上行走而不会陷得太深。而东北豹的敏捷程度令人惊讶，它们能水平跳出大约6米远，垂直跃起大约3米高，长距离奔跑时速度可达50千米/时以上。

虽然这种豹的亚种非常罕见，生性害羞谨慎，但有一个地方可以找到它们，那就是位于滨海边疆区的"豹之乡"国家公园，这里是北部针叶林和南部阔叶林之间的过渡地带。这座国家公园坐落于中俄交界处的乌苏里江沿岸，毗邻日本海，整座公园被高山和陡峭的山谷包围，与世隔绝，是一片真正意义上的荒野之地。

▲ 东北豹和东北虎在森林中争夺鹿。鹿是它们在冬季的主要猎物。

"豹之乡"国家公园也是俄罗斯生物多样性最丰富的热点地区之一，这里有无数岩石高地和平顶山丘，生长着种类不一、颜色各异的树木，如黑桦、阿穆尔冷杉、白杨、新疆云杉、辽椴、白蜡树、蒙古栎、胡桃楸和极其高大的雪松。每一棵巨树都有自己的小气候。森林里生机盎然，动物种类繁多，包括黄喉貂、豹猫、亚洲黑熊等罕见的捕食者，此外，这里还有猫科动物中的巨兽——东北虎（又称西伯利亚虎）。

初冬时节，白雪皑皑，森林看似冷清，但仍有许多动物在此艰难地觅食，比如几种不同的鹿科动物。尽管这片森林与北方针叶林的南部边缘相接，但这里的气温可能会降至零下20℃。可以想见，这种寒冷的天气会夺走那些体弱多病的动物的生命。然而，一种动物的不幸也可能是另一种动物的收获。通常情况下，最先发现尸体的动物是乌鸦，然而乌鸦本性难移，发现尸体后它们很难保持安静。它们通常都很聒噪，会在食物边上叫个不停。自然，乌鸦的叫声会惊动其他的肉食动物，包括东北豹。

这只东北豹悄无声息地如同一道鬼影般从森林里现身，它停下脚步，戒备地环顾四周，然后慢条斯理地走上前，就像家猫似的嗅一嗅眼前的食物。它非常谨慎，这可能是因为它在走过来并留下气味标记时发现了一些异样：在一棵树的树干上离地面2米多的位置有一片很长的抓痕，这里还留下了属于另一只大猫的独特气味。这意味着这只东北豹的领地与老虎的领地在这里重叠了，并且聒噪的乌鸦很可能已经把体形更大、更强壮的老虎也吸引来了这个地方。这里可能是地球上为数不多的两个物种能够共享同一片森林、走同一条小路的地方之一，但有一样东西它们绝对不会共享，那就是食物。

东北豹通常捕猎鹿。它们平均每月捕猎3次活鹿，但直接食腐的话，东北豹自身的能量消耗就会比较低。腐肉就是大型猫科动物的快餐。这

▼ 这是一只被冻死的雄鹿的尸体。对于东北豹来说，这是一个难得的觅食机会，但它们必须提防随时可能出现并杀死它们的东北虎。

▶ 东北虎是这片森林
中的顶级捕食者。

只东北豹小心翼翼地扯着死去动物的皮毛，皮毛下的肉几乎已经被冻成了固体。这也许就是乌鸦需要招来帮手的原因之一，但这些乌鸦不间断的叫嚷让东北豹有些紧张，因为它们可能真的会招来体形更大的猫科动物。东北豹停下了撕扯皮毛的动作，环顾四周，随后悄悄地从原路返回了。

东北豹还能生活在这里本身就是一个奇迹，因为这种动物生活在其分布范围的最北部边缘，而这里的东北豹已经所剩无几。在世界自然保护联盟濒危物种红色名录中，东北豹被列为极危动物。偷猎者会为了东北豹的皮毛和骨头而猎杀东北豹，个别东北豹也会因为袭击鹿茸养殖场的鹿而被人类猎杀。同时，森林砍伐也使东北豹的栖息地被破坏。这些都是导致东北豹种群数量锐减的原因。据估计，俄罗斯"豹之乡"国家公园现存大约120只东北豹，加上现今中国境内东北豹数量未知（注：据2022年统计，中国东北虎豹国家公园中，东北豹的数量增长至60只），东北豹已经是地球上最稀有的猫科动物之一，因此建立国家公园保护东北豹种群是一个明智之举。"豹之乡"国家公园的动物保护工作已经取得了很大成功，如今，东北豹（以及东北虎）已经越过中俄边境，在中国珲春东北虎国家级自然保护区内寻找自己的领地，这里曾经也是它们的活动范围之一。人们希望看到这些大猫也能在这里繁衍生息。

尽管人们已经对东北豹展开了保护工作，但是目前东北豹仍未摆脱困境。曾经东北豹不仅相当常见，而且分布也很广泛。在俄罗斯远东地区的最南端、中国东北部和朝鲜半岛的大部分地区都能发现东北豹的踪迹，它们还会出现在一些令人惊讶的地方。19世纪，在现在的韩国所在区域，东北豹曾与首尔市的居民共享同一片土地。白天，东北豹的藏身之处是被围墙圈禁起来的城市中的废弃宫殿，它们以流浪狗为食，这种行为模式在朝鲜半岛各地的村庄和城镇中反复出现，人们认为，东北豹从15世纪就开始这样做了。后来，情况有变，这些大型猫科动物不再受到人类的欢迎，当局开始允许当地居民对其进行猎杀。东北豹因此离开城市，在偏远的山区幸存下来，但到20世纪70年代，它们在朝鲜半岛上灭绝了。如今，人们只有在中俄边境的这些小型保护区内才能找到野生东北豹的身影。

尽管在20世纪，俄罗斯境内的东北豹和东北虎种群遭受了严重的打击，但这两个物种现在都得到了很好的保护，对它们的猎物的捕猎行为也受到了管制。尽管困难重重，但是这两种动物如今都得以在这片神秘的覆雪森林中生活。

拍摄手记

俄罗斯滨海边疆区

　　我们的摄制组与一位当地向导合作，根据他对"豹之乡"国家公园的了解，我们确定了一个东北豹可能生活的地点，接下来就由俄罗斯野生动物摄影师谢尔盖·戈尔什科夫去找东北豹然后拍摄影片。这一切说起来容易，但做起来很难。

　　"东北豹非常谨慎，"谢尔盖说，"所以在野外我们几乎不可能看到东北豹，除非它们想被人看到。它们更喜欢在不暴露自己位置的情况下，从远处暗中观察。"

　　所以，为了拍到神秘的东北豹，谢尔盖布置了相机陷阱。这些相机会在动物出现时被触发，自动拍照，但关键是我们要准确地知道应该把它们布设在哪里。

　　"有岩石斜坡的山丘是寻找东北豹的最佳选择。东北豹的足迹通常沿

▲ 东北豹沿着一条常走的小路穿过森林。

▶ 东北虎和东北豹走的是同一条路。它们都在路线上做了气味标记，所以它们可能都知道对方在同一区域。

着高原和有大量峭壁的山脊的边缘延伸。东北豹喜欢走陡峭不平的斜坡，这样它们就能避免与东北虎不期而遇，东北虎通常会在山谷和河谷中行走。这两种动物都不喜欢在深雪中行走。在冬季，东北豹和东北虎也经常去积雪较少的山丘南面，这里也是它们的猎物，即鹿和野猪偏爱的地点。"

经过多次搜索和不断寻找蛛丝马迹，比如树上的抓痕或地上的脚印，谢尔盖终于找到了一个可以俯瞰乌苏里针叶林的绝佳地点，他确信东北豹一定会从这里经过。他架起相机，等待着，每隔3个月就到现场检查一次相机。

"最终，相机在那里放了729天，但这期间主要拍摄到的是鹿，尤其是在夏季，因为布设相机的地方有风，可以赶走蠓和蚊子。东北豹也会一个月来一次，但每次拍摄到的画面都不理想。后来，在2021年2月，我又去检查了我布置的相机陷阱，这一次我终于有了收获——一只东北豹在新落的雪地里穿过地上布设的一排相机传感器，它的身影穿过白雪覆盖的远东针叶林山谷的画面被相机完美捕捉。这就像是收到了一份迟到的圣诞礼物！"

更大的惊喜还在后头。在相机拍摄范围内的这条小路上，谢尔盖先是拍到一只东北豹，后来又拍到了一只东北虎。这两只大型猫科动物不仅行走在同一条小路上，连落脚的位置都差不多，因为被脚印压实的积雪更容易走。两种世界上最稀有的大型猫科动物生活在同一森林地区，它们的影像能被同一台相机在同一个地方捕捉到是一件非常不可多得的事情，这要归功于摄制组和当地向导的努力与坚持。

冰封的生命

▲ （从左至右）

在隆冬时节，刚孵化出来的小锦龟被冻硬了，但没被冻死；事实上，只是小锦龟体内细胞间的液体冻结了，而细胞本身没有受到影响。

到了春季，小锦龟开始解冻。

在刚孵化的小锦龟离开洞穴之后，它们做的第一件事就是躲起来。

在冬季，总会有一些稀奇古怪的事情发生。有一种动物栖息在加拿大北部森林池塘、湖泊和缓慢流动的河流中，它们在冬季的行为令人难以置信。这种动物就是锦龟，它们的活动范围从南部的大平原一直延伸到北部的北方森林。锦龟作为淡水龟能生活在如此遥远的北方很了不起，毕竟，作为一种无法调节体内温度的"冷血动物"，它们需要太阳来获得热量。虽然夏季阳光充足，但北方的冬季却没有多少阳光。不过锦龟有办法在这个地方生存下来，当池塘的水温降到15℃以下时，它们会选择蛰伏。

就在冬季降临在这片森林中之前，成年锦龟会在池塘底部的沉积物中挖洞，当水结冰时，它们可以在那里处于没有呼吸的蛰伏状态好几个月。它们可以通过皮肤吸收少量氧气，但其实它们必须在氧气很少或没有氧气的环境中生存。为此，锦龟减少了细胞内的新陈代谢过程，并利用龟壳和骨骼的蓄积能力来中和大量堆积的乳酸。有了这些能力，锦龟可以在3℃的无氧环境中存活3~4个月。它们是现存最耐缺氧环境的四足动物之一，对其生理机能的研究可以帮助我们了解如何保护人类的心脏和大脑免受低氧环境的损伤。刚孵化的幼年锦龟在耐缺氧环境方面的表现更引人注目，它们在生命的第一年中表现出了另一种与成年锦龟截然不同的生存方式。

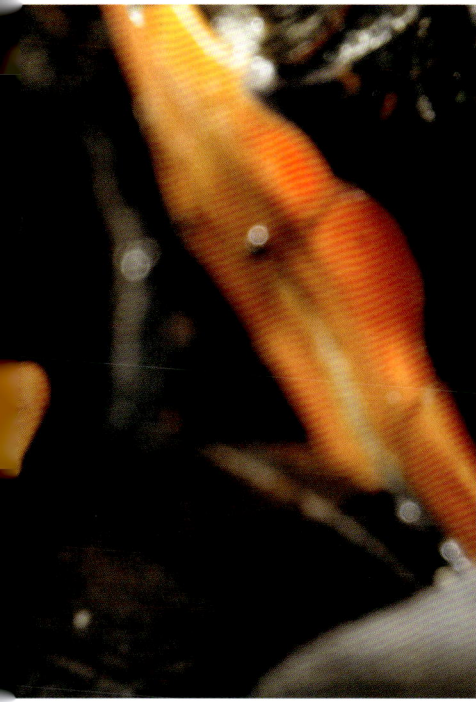

　　虽然小锦龟一般在9月孵化，但是它们会留在陆地上的洞穴里，并且在整个冬季都被埋在沙子和雪下。此时，气温可能会降至零下10℃，但孵化出来的幼崽似乎安然无恙。其中一些个体的体温会变得极低，它们细胞内水分的温度可以降到冰点以下，但是并不会形成冰晶。小锦龟是通过吃沙土和蛋壳来实现这一点的，这些沙土和蛋壳会成为冰核，就像前文所述北方森林中的树木一样。这是它们孵化后做的第一件事，它们摄入的低温保护剂可以防止细胞内的水冻结成冰晶并对它们的身体造成损害。在小锦龟体内，只有细胞外的水会结冰，所以它们不会被冻死。小锦龟大约60%的身体部分是冻结起来的，其中包括它们的大脑和心脏。在这种状态下，刚孵化出来的小锦龟没有肌肉运动的迹象，也没有心跳，因此没有血液流动。它们能活下来是很了不起的事情，但它们只有在寒冷的天气里才能像这样活下来。小锦龟的母亲为它的每一个孩子都提供了一份"蛋黄餐"，小锦龟必须靠着这份口粮撑到春季。如果冬季有太多回暖的时刻，孵化的小锦龟就会提前解冻，它们的新陈代谢就会加快，这样"蛋黄餐"很快就会被消耗完；如此看来，小锦龟也是气候变化的牺牲品。

　　如果是"正常的"冬天，那么较慢的新陈代谢能让小锦龟在春季有利于觅食和生长的最佳时机出蛰。洞穴解冻需要12~48小时，小锦龟也会随之慢慢解冻。在大约4℃时，它们可以动动四肢了；到10℃时，它们开始到处爬。它们要做的第一件事就是躲起来，因为许多捕食者都对小锦龟垂涎三尺。不过终有一刻，在孵化后数月的某一天，天气晴朗时，它们会第一次出现在阳光下。如果这些小锦龟能顺利避开各种可能面临的险情，它们的寿命可长达50岁。在锦龟生命周期的每个关键阶段，它们都会为了生存做一些出人意料的举动。冰雪圈里动物们的生活方式真是精彩纷呈！

冰雪女王

毫无疑问，冬季的北极冻原不是一片舒适宜人的天堂。在冬季的大部分时间里，北极冻原上都是漆黑一片，厚重的冰与雪覆盖着地面，地表最上层的土壤也被永久冻结。然而，在地下的一个洞里却隐藏着一位令人意想不到的居民，那就是拉普兰熊蜂的蜂后。蜂后将在地下冬眠近9个月，从而避开最恶劣的天气。在此期间，蜂后的身体几乎完全被冻结。蜂后冬眠的条件非常恶劣，据调查，大约50%的蜂后会在冬眠期间死亡，但到了6月中旬，即使地面上还有残雪，蜂后依然是第一批出现在地表上的昆虫之一。

只有气温升高到一定程度时，拉普兰熊蜂的蜂后才能从冬眠中恢复运动。但蜂后回到地面第一次飞行时，外界气温条件可能还在冰点左右，能恢复活动都要归功于蜂后强壮的飞行肌肉和肌肉"颤抖"的能力。简单地说，蜂后需要同时调动把翅膀向上拉的肌肉和把翅膀向下拉的肌肉，这两组肌肉会同时尽力互相拉扯，这样翅膀就能保持静止。通过肌肉不停收缩震动，蜂后就能够将自己的体温提高到30℃，这是它们能够飞行的最低温度；有时甚至能达到38℃的高温，几乎与人的体温相当。这一整个升温

在如此恶劣的气候下，只有一半的拉普兰熊蜂蜂后能在冬季的严寒中生存下来。

▲ 一只拉普兰熊蜂的蜂后从它巢穴中的蜜罐里啜饮了一口花蜜。花蜜是它们活动的燃料，有吃的它和它的工蜂才能够飞行，收集更多的花蜜。

过程只需要短短6分钟。为了维持热量，蜂后的"皮毛"比大多数蜜蜂都厚，这样就能少损失50%以上的热量。有了这些，它们就能以200次/秒的惊人速度拍打翅膀，振翅而飞。

恢复活动之后，蜂后的首要任务是寻找筑巢点：比如曾有冻原田鼠或旅鼠居住过的旧洞穴；或者它会在地下约10厘米处挖一条1米长的蜿蜒隧道，隧道的尽头可以筑巢，这是蜂后的夏令基地，它们可以从这里出发，外出觅食。由于蜂后很早就开始活动，它们能够趁着雪融化的时候，从刚出现的第一批北极花朵身上收集花蜜，比如马先蒿、水杨梅（又称细叶水团花）和虎耳草等的花朵。蜂后也会选择任何一朵花蜜充足的花，花蜜就是它们飞行的动力。

蜂后会把花蜜储存在它们的蜜囊里，有时人们也把蜜囊称为"蜜胃"，这也是蜂后的"燃料箱"。蜂后不仅会把花蜜带回巢穴，而且会通过体内的"阀门"，让一些花蜜滴进自己的消化系统。这些花蜜就是它们的食物，是支持它们飞行的燃料。一个装满花蜜的"燃料箱"可以让蜂后在空中飞行40分钟，但蜂后需要费尽九牛二虎之力才能把"燃料箱"加满。一朵花可能只有0.001毫升的花蜜，而蜂后需要大约0.06毫升的花蜜才能填满"燃料箱"，这意味着蜂后要吸取大约60朵花的花蜜，但实际上，它们必须造访100多朵花，因为不是所有的花都有现成的花蜜。在采集完花蜜后，蜂后还得返回可能远在5千米之外的巢穴。

　　蜂后几乎可以在任何天气飞行，哪怕下着毛毛雨或是小雪。而如果风速超过32千米/时（这种情况经常发生），那它们就会比平时飞得低，飞行高度距离地面不到2米。而在狂风、暴雪或是大雨天气时，蜂后就会静候天气转好。一旦天气逐步变好，它们就会继续觅食，或许还能在飞行过程中为正在发育的后代取暖。蜂后飞行所需的能量存储在胸部，它们也可以将能量传递到腹部，因为有时它们的卵正在自己的腹部慢慢发育。这样，蜂后就可以预孵化卵，从而节省宝贵的时间——尽管理论上如此，但是这一点还亟待证实。

　　与此同时，蜂后必须从零开始创建自己的王国。它们的首要工作是为第一批工蜂准备好巢穴。为此，它们在巢穴中制作了一个花粉小球作为幼虫的食物，还搭建了一个以蜂蜡为原料的小房间。小房间里储满了花蜜，花蜜是第一批工蜂出生后实现外出飞行的燃料。蜂后在花粉球里产下一窝卵，这窝卵的数量有半打甚至更多。但是，这时会出现一个非常根本的问题：巢穴底下大部分的地面都冻着，因此，蜂后必须设法保持巢穴和卵的温度，才能让卵顺利发育。解决这个

▼ 蜂后可以在大多数的天气里外出飞行，但体形较小的工蜂在非晴天的时候只能无所事事。

▲ 在春夏两季，北极冻原不再是一片荒芜，而是花团锦簇、生机勃勃。

问题的方法很简单：蜂后会利用巢穴前主人留下的材料，给巢穴做隔热保温。随后，它们再次振动翅膀的肌肉让巢穴升温；通过振动翅膀肌肉，蜂后能将巢穴的温度保持在25~30℃。然后，蜂后就会用腹部孵卵，就像鸟类一样，并通过活动身体的肌肉来帮助卵保温。在蜂后外出觅蜜的15~30分钟里，巢穴的温度不可避免地会下降7℃左右，因此在接下来的几周里，这位单亲母亲需要夜以继日地工作，既要收集足够的花蜜来装满蜜罐，又要防止后代被冻死。如果没有把控好归巢的时间，蜂后所有的努力都将白费。蜂后对孵化职责的执着确保了它们产下的大部分卵都孵化出了银色的小工蜂，而此时北极冻原上的最后一抹积雪正在消退，更多的花朵正在绽放。

到这个时候，第一批工蜂已经能够集体振动翅膀，升温取暖，在夏季剩余的时间里，巢穴的温度能稳定在35℃。它们不断觅食，扩大巢穴，清理并照顾下一批新生的工蜂。拉普兰熊蜂的巢穴中通常每年最多只会有两批工蜂。

这些不育的雌性工蜂比蜂后更小，更弱。它们外出飞行所需的最低温度相比蜂后要高，哪怕只是在下毛毛雨，它们也无法继续飞行。决定飞行能力的因素是蜜囊里储存的花蜜量。体形较大的蜂后能在体内储存更多的花蜜，所以它能在更多不同天气条件下飞行。在夏末的时候，对生活在最北边的拉普兰熊蜂来说，就是刚入夏2~3个月的时候，蜂后会产下第三批卵，这些卵会孵化成雄蜂和可生育的雌蜂，这些雌蜂可能在第二年成为新的蜂后或新的雌蜂（这些新的雌蜂是无巢蜂后），但遗憾的是，每个蜂群中可能只有一只雌蜂能够存活下来。尽管如此，拉普兰熊蜂的这种冬伏春出的生命周期依然令人赞叹：在冬眠中蛰伏过漫长的冬季后，仅在短暂的春夏两季中的几周内，蜂后就能重新焕发活力，并孕育出一大批新的生命。

纵观拉普兰熊蜂蜂后的短暂一生，拉普兰熊蜂是为了在北极冻原这样严酷无情的环境中生存而生的，所以当环境突变，特别是温度升高时，这种昆虫就会遇到麻烦。近年来，北极地区的热浪日益频发，在这种情况下，蜂后的行为也会变得怪异而又恐怖：蜂后会突然仰面摔倒，六腿痉挛。这种情况会持续3~4分钟，随后50%的蜂后会死亡。高温也会对巢穴造成影响：如果巢穴的温度比平常高，所有工蜂都必须扇动翅膀来降低巢内温度，因此它们就无法外出觅食。食物不充足的蜂群更容易受到热应激的影响，所以情况很快就会失控，整个蜂群中的个体都会死亡。目前，这种情况还未扩散到北极地区全境，在某些地区还没有遭遇这种热浪。而在2021年夏至那天，西伯利亚的地面温度（而非气温）达到了炙热的48℃，比前一年有所上升，这可能预示着北极地区的升温趋势。这确实让拉普兰熊蜂的生活变得非常艰难，而且拉普兰熊蜂不是唯一面对气候动荡的动物——在北极野生动物的脚下，冰原正在崩塌。

拍摄手记

瑞典拉普兰

在瑞典北部，我们的摄制组第一次拍摄到了拉普兰熊蜂蜂后在它巢穴内外的画面。在广袤的北极冻原上寻找一只熊蜂已经难如登天，而找到它的地下巢穴更是如此，所以当荷兰野生动物摄影师约里斯·范阿尔芬发现这个巢穴时，大家都激动不已。这段画面的拍摄导演由约兰德·博斯格担任。

"在蜂后的小巢穴里拍摄是一件非常困难的事情。巢穴内漆黑一片，而我们不能破坏这种漆黑的环境，这样蜂后在照顾自己的卵时才会感到安全，不受干扰。为了抓住一切拍摄机会，摄制组与研究蜜蜂的科学家携手合作，并使用最新的专业微光摄像机来拍摄肉眼看不见的东西。拍摄到的画面也引起了科学家的研究兴趣，而在随后发表的一篇科学论文中，整个摄制组都被列为共同作者。"

▶ 一项对瑞典拉普兰传粉昆虫的研究表明，熊蜂是北极冻原上的主要授粉者，比其他飞行昆虫更重要。

沉沦的感觉

自上一个冰期结束以来，北极冻原上的水冻结成冰时，土壤也冻结起来，这种土壤被称为永久冻土；但是，现在北极冻原上大片的永久冻土已经开始解冻，过去不会融化的冰现在正在融化。乍看之下，永久冻土似乎只是地球偏远地区的一堆被冰冻起来的土块，所以你可能会想："我为什么要担心永久冻土解冻？"我们要知道：北极永久冻土区的面积是1800万平方千米（一说1390万平方千米），这片冻土中封存的碳是大气中碳含量的两倍以上，换句话说，相当于目前使用的化石燃料150年的排放量。如果永久冻土解冻，死亡植物中的有机物也会解冻，这些有机物被微生物分解后会释放出大量强效温室气体，即二氧化碳和甲烷，以及最近从俄罗斯解冻的永久冻土中发现的一氧化二氮，这些气体渗入大气层会加剧地球升温。

永久冻土解冻现象并非普遍存在。在北极的一些地区，例如瑞典北部，由于永久冻土层相对较薄，永久冻土解冻后的碳排放量相比解冻前实际上有所下降。因为冻土层薄，解冻后容易变得干燥，植被和微生物的生活都发生了相应变化，从而减少了温室气体的排放。但总的来说，无论如何，当深层永久冻土解冻时温室气体就会被释放出来。可怕的是，大规模的冻土融化已经发生了，而这正是由于北极地区气温普遍升高，并且

▼ 春季，当野花盛开的时候，摄制组在加拿大的北极地区拍摄到了这片永久冻土的滑塌。

北极变暖的速度较快。人们曾一度认为，北极地区最北端的冻原不会融化，但研究结果表明并非如此。尽管在阿拉斯加和加拿大北部最北端的一些地区，即使永久冻土的深层仍然处于零下14℃的状态，但是这部分的表层永久冻土已经出现了开始解冻的迹象。例如，在阿拉斯加北坡且位于北冰洋沿岸的戴德霍斯，人们于1988年测得永久冻土最上层的地面温度平均为零下8℃，但今天同一位置的温度是零下2℃。在其他地方的永久冻土层，最上层的平均气温甚至超过0℃，即高于冰点。

一组延时摄影照片展示了加拿大北极地区某地的土壤受全球变暖影响开始崩塌的景象：高达20米的山体上，松散的岩石倾泻而下，在地貌上留下了巨大的伤疤。用术语表述的话，这种现象被称为"滑塌"。这些加速的延时摄影照片向我们展示了土壤如何在短短一个夏季内快速膨胀，以及土壤在融化的冰的润滑下如何像液态的泥浆一样快速地顺坡流泻而下。

在气候发生巨大变化的时期，例如与冰川相关的冰期和间冰期，滑塌可能会自然发生，但这种滑塌的过程往往会缓慢地持续数千年之久。而在距离我们更近的年代，气候冷暖变化的自然循环可能会引发过程仅有30~40年的快速滑塌，或是引起周期性的滑塌。在最近的气候变化循环中，科学家通过分析过去40年的钻

▼ 到夏末，永久冻土带中的大部分悬崖都开始出现滑塌，土壤化作泥水流失。

孔测量数据发现，永久冻土层一直在持续变暖。现在我们面临的问题是，随着气候的变化，大气中的暖流会变得更加温暖，这导致滑塌现象更容易发生，而之前滑塌并没有这么常见。这也意味着，除了对冻原环境及其中生活的野生动物的影响外，永久冻土融化还可能对道路、建筑物和机场等北极地区重要的基础设施产生负面影响。

世界上规模最大的滑塌——这是一次巨型滑塌——发生在俄罗斯的针叶林。发生滑塌的地方现如今被称为巴塔盖卡坑，这是地面上一条长达1千米（一说1.6千米）的裂缝，80多米深。这条裂缝以平均每年10米的速度增长，在温暖的年份增长速度会增加到30米。当地人都称其为"地狱之门"（或"冥府之门"）。最初，这里的滑塌是由森林砍伐引发的，但现在人们非常清楚为什么这条裂缝会持续增大：巴塔盖卡坑距离上扬斯克小镇大约90千米，而2020年北极地区的历史最高温正是出现在上扬斯克小镇。再加上西伯利亚林火频发，规模又大，例如2014年和2019年夏季的大火，西伯利亚的其他地区也可能会发生滑塌。

令人意外的是，全球变暖、永久冻土滑塌还会引发许多其他连锁反应，例如致病微生物又卷土重来：被冰封地下的炭疽等病原体从休眠状态中被重新唤醒，并在一些偏远地区"屠杀"北美驯鹿、麝牛和筑巢的鸟类。此外，北冰洋的边缘正在发生滑塌，海底的永久冻土也开始融化，在海底形成了城市街区那么大的深坑。

科学家还担心，地球将要到达关键的"临界点"。一个临界点是北极永久冻土的作用变化：2003—2017年，永久冻土向大气中释放的碳量远远超过了全球植被吸收的碳量，这表明北极永久冻土可能正在从"碳储存库"转变为"碳排放源"。如此一来，相辅相成的机制正在形成：永久冻土的碳排放会导致气候变暖，气候变暖又会解冻更多的永久冻土，进而导致更严重的气候变暖，从而形成一种自动循环。

这些预测非常令人不安。据估计，到2100年，以下两种情况之一将会变为现实：如果我们能将全球变暖的温度控制在远低于2℃的范围内，那么我们可以预计25%~30%的地表永久冻土（即3~4米深的永久冻土）会消失；但是，如果化石燃料的排放量按照目前的速度继续增长，70%的近地表永久冻土可能会全部融化。根据统计，就整个北极地区来看，目前10%的地表永久冻土已经全部消失。

▶ 摄制组拍摄了这场滑塌在整个夏季中发生的过程，而它仅仅只是构成地表上的巨大裂缝的一小部分。

大迁徙

北极变暖正在对北美驯鹿的一个亚种产生深远影响。这些高纬度地区的驯鹿生活在阿拉斯加、育空地区和西北地区的荒野地带。几千年来，每到夏季，都会有几个不同的驯鹿群离开在冬日里能够啃食石蕊的南方过冬处，开始一场史诗般的伟大迁徙。并非所有的驯鹿都会进行这样的迁徙。一些生活在北方森林中的驯鹿群全年都停留在原地，而那些向北行进的驯鹿群会沿着古老的迁徙路线前行。有时候，驯鹿群经过时留下的足迹甚至会永久印在这条迁徙之路的地面上。令人啧啧称奇的是，驯鹿是所有陆地哺乳动物中迁徙距离最长的物种之一，同时，驯鹿群的迁徙规模也令人惊叹。

单独一个驯鹿群就有近21.8万只驯鹿——例如豪猪河驯鹿群。豪猪河驯鹿群得名于流经其迁徙路线的豪猪河（又译为波丘派恩河）。豪猪河驯鹿群大迁徙的目的地是阿拉斯加东北部广阔的沿海平原，这一地区也是北极国家野生动物保护区。驯鹿冬季草场和夏季草场之间的直线飞行距离大约是650千米，但驯鹿群从陆地迁徙，途中路线曲折，这可能意味着驯鹿群每年在两地之间往返的距

▲ 豪猪河驯鹿群的成员正结伴穿越加拿大北部的育空地区。雄性驯鹿和雌性驯鹿都会长鹿角，成年雄性驯鹿的鹿角更大，也更精致。

离长达4800千米。

　　驯鹿将在阿拉斯加的布鲁克斯岭南部安度冬季，到了春季，冬雪刚开始融化的时候，驯鹿群就要启程一路向北以确保它们到达北极冻原的时间与幼崽的出生时间相吻合。那时，大约会有4万只幼崽在驯鹿群中降生，也就是说雌性驯鹿在怀孕时就开始迁徙了。紧随雌性驯鹿之后的是雄性驯鹿和一岁大的幼崽，所以当它们在目的地重新与雌性驯鹿会合时，驯鹿群将会变成一个庞大的集体。

　　驯鹿父母在长满羊胡子草和其他莎草的草场上吃草。这里的草刚刚萌发新芽，在驯鹿产犊期前后正是营养最丰富的时候，恰好此时小鹿也需要摄入足够的母乳，以变得足够强壮，好在秋季返回冬季草场。为了迎接新生命的诞生，此处的一切都安排得恰到好处，但研究北极冻原动态变化的科学家开始担心气候的极端变化将导致四季错乱。例如，在季节变化的影响下，在温暖的年份中，北极冻原上的植物可能会提前爆发生长，所以当驯鹿群到达目的地的时候，植物可能已经过了营养最丰富的时期。如果这种情况继续下去，可能导致驯鹿营养不良，出生的幼崽数量减少，能够存活下来的幼崽也更少——而这些还不是驯鹿面对的所有问题。

　　随着全球变暖，蚊子也开始在北极地区不停嗡嗡作响。大量的

▲ 一头棕熊在驯鹿群
中搜寻羸弱的驯鹿
幼崽。

▶ （上）
驯鹿幼崽刚刚呱呱
坠地，就必须起身
和大部队一起前
行，否则就会被抛
在后面。

（下）
驯鹿群在每年的南
北跋涉中都要穿过
许多河流。其中的
不少河流很浅，可
以涉水而过，但如
果需要游泳的话，
驯鹿也是个中好
手。驯鹿的被毛是
中空的，可以提供
浮力；它们宽大的
蹄子可以提供往前
游的推力。

蚊子与驯鹿同时出现在此处。为了躲避蚊子的骚扰，驯鹿群会迁往风力较强的沿海地区或者高山斜坡上。蚊子是驯鹿几个世纪以来都不得不应对的问题，而随着气候变暖，人们担心蚊子会提前繁殖，并在驯鹿需要觅食和休息的时候在北极冻原上肆虐成灾。在远离蚊子的过程中，驯鹿无法正常进食，因此也无法在体内囤积足够多的脂肪抵御冬季的严寒，进而幼崽的母乳供应也会减少。而这只是气候变暖对驯鹿幼崽产生的众多影响之一。

在驯鹿群渡河前往海岸或高地的途中，虚弱的幼崽可能会与母亲走散，甚至会被湍急的水流冲走。如果这时幼崽再也找不到母亲，那么它们的生命之路就会变得异常短暂，因为棕熊就在一侧守株待兔，棕熊往往会在此时严密监视着河流的渡口。尽管棕熊在短距离奔跑时，脚步就像格力犬一样敏捷，但是它们也不太可能制服一只成年驯鹿。然而现实就是如此残酷，一只筋疲力尽又无力反击的驯鹿幼崽，其处境就和一头新生的麝牛差不多——它们都很容易沦为捕食者的猎物。

如果你觉得这些困难看着还好，那还有。在北极的冬季，降雨可能会取代降雪，这对驯鹿来说可能是灾难性的。雨水落在现有的积雪上，地表冰层就会大量增加，驯鹿便无法敲破冰封的地表觅食。这样的变化并不明显，但其实会对冻原和邻近北方森林的北极野生动物的未来产生巨大的影响。

北极地区的生命仰赖于每年的四季更替，也仰赖此处就是大片的保护区，特别是在关键的野生动物生活区。例如，在阿拉斯加，北极国家野生动物保护区是地球上受干扰最小的生态系统之一，这片区域对野生动物和科学研究都具有全球意义，同时也蕴藏着大量的石油和天然气，因此这片区域很容易受到人类开发活动的影响。随着北极地区许多驯鹿群个体数量的不断减少，研究驯鹿的科学家越来越清楚地认识到，无论是现在还是将来，对于这一生物多样性地区的保护和维持已经变得前所未有的重要。《冰冻星球Ⅱ》的制片人简·阿特金斯补充道：

"在北极地区从隆冬开始到盛夏结束的整个拍摄过程中，我们能真切地感受到短暂的夏季对生活在这里的所有野生动物来说有多么重要。从忙碌着为冻原上的花朵传粉的小熊蜂，到成千上万只在北极迁徙的驯鹿和它们的幼崽，很明显，北极地区的各个生态系统之间是相互联系和影响的，如果这里的驯鹿群中的个体数量就像北极地区其他地方的动物一样减少，一定会对我们星球上最北部的冰冻土地产生巨大的影响。"

豪猪河驯鹿群的一批驯鹿正在穿越阿拉斯加的北坡。

第6章

我们的冰冻星球

◀ ▼　一只南极海狗
　　　和一只帝企鹅
　　　一起出现在南
　　　乔治亚岛圣安
　　　德鲁斯湾的海
　　　滩上。

　　动物在我们这颗星球上最不适宜居住的地方幸存下来，甚至不断扩大它们的种群。那里被冰雪主宰，如果不是自然选择的存在，寒冷将会渗透到它们身体的每个角落。生活在冰雪圈内的动物之所以能够幸存，是因为它们的祖先具有一些抗冻特征，比如皮肤下的隔热脂肪层或血液中含有抗冻蛋白。那些没有获得这些特征的动物逐渐灭绝，幸存者则将这些优势遗传给了它们的后代。这通常是一个需要数千年，甚至数百万年才能完成的过程，但今天地球本身的演变异常迅速，这些耐寒的动物能否跟上并适应当前的变化速度仍然是一个巨大的疑问。在这里，我们遇到了许多一线的科学家，他们对此都怀有相同的感受——紧迫感。

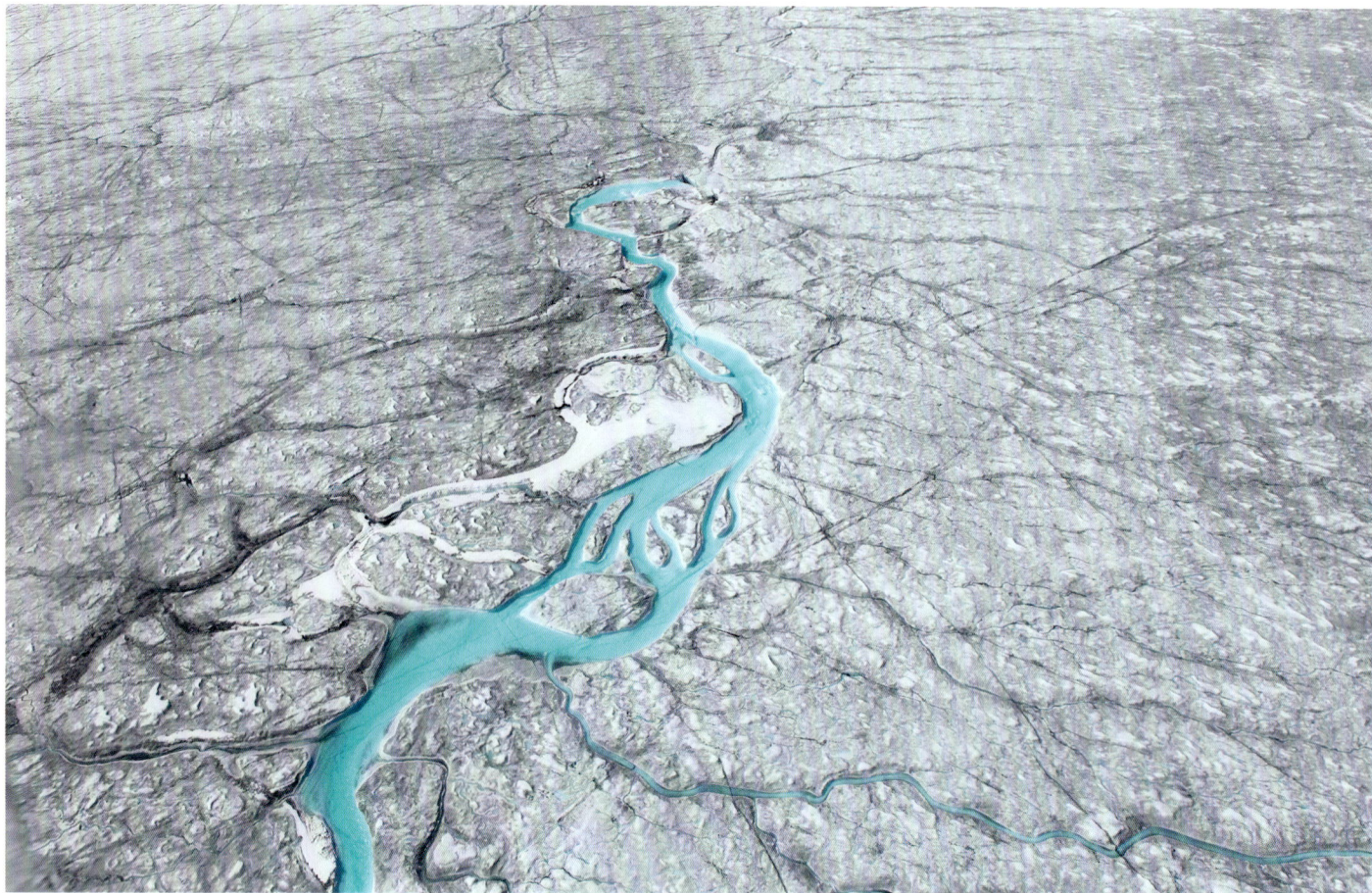

格陵兰冰原

▲ 青绿色的融水河流经
格陵兰冰原的表面。

　　如今，全球变暖是所有生活在冰雪圈内的动植物面临的最大威胁，其中受到全球变暖影响最大、最明显的地方莫过于格陵兰岛。格陵兰岛约有4/5的面积位于北极圈内，其最北端距离北极点仅有不到800千米。冬季的格陵兰岛通常天寒地冻；到了夏季，随着整个北极地区气温的升高，格陵兰岛的温度也会升高。如今这里夏季变得更长、天气变得更热了，这种气候变化趋势引发了一系列连锁反应，给生活在地球另一端的人们带来了可怕的后果。在某种程度上，这些人的未来生活取决于格陵兰冰原的状况。

　　格陵兰冰原是世界上第二大的冰原，覆盖了全球最大岛屿（即格陵兰岛）85%左右的面积。格陵兰冰原的平均厚度约1.5千米，据估计，这里的部分冰层已经存在了100多万年。整片冰原的体积大约有260万立方千米。沿海山脉环抱着这片冰原，但这片冰原仍然可以通过300多座的冰川，自冰谷流向海洋。

　　"正常"的年度季节变迁描述起来相对简单：从9月到春季，格陵兰冰原都在下雪，此时的气温通常远低于冰点，所以冰雪的堆积量比融化量要多；到了春末夏初，气温升高，直到8月底之

▲ 融水河流汇入湖泊，
这些河流的重量引起
了冰层破裂。

前，整个夏季里冰雪的融化量会比堆积量更多。当然，这种情况每年都有所不同，但冰原和冰川形成的规律是相当一致的。粉状的雪会转变成结晶雪，被称作"粒雪"（névé），而那些存在了一年又一年的雪会重新结晶为"永久积雪"（firn）。然后，经过许多年，下面的雪被落在上面的雪压实成致密的冰。在夏季，积雪会再次融化。这原木是正常现象，但近年来格陵兰冰原积雪融化的程度显著加大。

在格陵兰岛出现不正常迹象的早期，人们在卫星图片上看到格陵兰冰原本来明亮白色的表面上出现了壮观的蓝绿色斑块。起初，这些蓝绿色斑块只是在冰原表面纵横交错的融水带，这些融水汇成河流，在冰原上划出一道道沟壑，最终在冰原上形成了直径超过8千米的巨大蓝宝石湖泊。湖水看起来是蓝色的，因为蓝光没有被散射开，而是反射了。融水非常纯净，白色雪景又衬托出了水的颜色。蓝色的融水湖看起来非常引人注目，也有人说这些湖泊美不胜收，但实际上它们是厄运将至的前兆。正常情况下，冰层会反射阳光的热量，但颜色较深的融水湖会从太阳吸收更多的热量，从而加快冰原的融化速度。这种状况已经引起了极地科学家的警惕，因此格陵兰冰原正受到他们的密切关注。

▶ 冰川学家阿伦·哈伯德俯瞰冰中的竖井。这里很可能是世界上最高的瀑布之一。

特罗姆瑟大学–挪威北极圈大学的冰川学家阿伦·哈伯德是近距离观察格陵兰冰川的科学家之一，他一直在研究融水是如何流经冰原的。他站在汹涌的激流旁，河水澎湃，奔流不息，他试图寻找水流从冰面直冲冰下基岩的地方。

"这里河道不宽，但这条河很深，"他说，"所以水流以每秒数百吨的速度汹涌而过。从卫星拍摄的图片来看，这些河流并没有那么大，但在这里，流经的水量之大令人震惊。"

所有这些集中在巨大湖泊和湍急河流中的水对下方的冰层施加了巨大的压力。最终，这种压力会引起冰层地震，冰震会进一步撕裂冰层，这就是所谓的"水力压裂现象"。成千上万吨的冰水倾泻到地表以下1千米多的地方。水流倾泻的地方可能是世界上最高的瀑布。另一个于此出现的冰川地貌是冰川瓯穴。冰川瓯穴是冰川上一个直径达10米的天坑，将冰原表面的融水汇集到冰川的底部。当摄制组与阿伦一起进行拍摄时，阿伦发现了一个正在形成的冰川瓯穴。对于阿伦来说，这是他第一次发现正在形成的冰川瓯穴，这也是冰川瓯穴的形成过程第一次被拍摄下来。

"这是一条巨大的河流，水流在寻找阻力最小的路径时，冲击出一条通道。大量的水摩擦生热，热量较多的水流入冰原本身，形成一个深入冰层的竖井。"

为了弄清楚这些水的去向，阿伦潜入了最近干涸的冰川瓯穴，在这个过程中，他发现这些冰川瓯穴并不是简单的竖井。

"水流既有水平方向的，也有垂直方向的，所以这个系统很复杂，而且河道之间还会相互连接。这里更像是树的根部，相对热量较多的水流渗透着整片冰原，这种结构破坏冰原的速度比简单的竖井结构要快得多。"

其结果是，融水润滑了冰川的底部，冰川得以在陆地上以更快的速度流动。《冰冻星球Ⅱ》的延时摄影视频将格陵兰岛西部冰川数日的移动过程压缩为几分钟，展示了冰川是如何无情地加速移动的。最终，冰川从陆地流泻到海洋上，洋面上不再有东西能够支撑这座漂流的冰川，它的下场只有一个：崩解破裂并沉入大洋。

阿伦说："在格陵兰冰原上，不断有巨大的冰川从冰原的前端崩解出来，所以这里是一个相当令人生畏的地方。冰川的崩解是一个自然过程，但在过去的20年里，我们能看到冰原融化和冰川崩解的速度远胜从前。"

为了确定冰川入海流失的数量，阿伦自己架设了延时摄像机。拍摄结果很能说明问题。

　　"我们可以看到，处于冰川前列的冰每天前移的距离超过20米，这实际上是很快的速度了。前列的冰可能有6000米宽，500米深，在这样的移动速度下，每天会有大量的冰直接流泻到海洋中。"

　　在一年中，数千亿吨的冰从格陵兰岛的178座主要冰川上落入海洋，崩解后形成的冰山可高达168米，其高度几乎和华盛顿纪念碑相当。1957年美国海岸警卫队的破冰船在格陵兰岛梅尔维尔湾发现了这座冰山，并记录下了其破纪录的高度。这是北大西洋有史以来最高的冰山，别忘了，这座冰山露出水面的部分只有其总高度的1/8，另有7/8还隐藏在海平面之下。

　　来自格陵兰岛西海岸冰川上的冰山向南漂流，穿越戴维斯海峡，然后经由拉布拉多海进入北大西洋。1912年导致泰坦尼克号沉没的那座臭名昭著的冰山就是其中之一。由格陵兰岛的冰川崩解而产生的1.5万~3万座冰山中，只有1%能到泰坦尼克号航线的最南端，所以泰坦尼克号的沉没确实是一个糟糕的事故。尽管海上有定期的巡逻船只，但航船撞上冰山的情况至今仍在发生。例如，2002年3月，一艘名叫"BCM大西洋号"的捕虾拖网渔船在拉布拉多海岸附近撞上了一座被称为"小冰山块"的小冰山，导致渔船沉没，幸运的是，所有船员都得救了。不过，冰山给船只带来的危险并不是人们目前真正关心的问题。

◀ 融水的范围明显扩大，今年融水出现的时间比以往要早得多。

　　阿伦在斯托尔冰川海湾附近的小岛上设立了一座永久气象站，从该气象站收集的数据中可以清楚地看出冰川灾难性地大批消失的原因。2019年7月31日，他带着我们的摄制组登上了这座小岛。

　　"我们于2010年在这里建立了这座气象站，它记录到的最高温度就出现在两天前。当时的气温达到22.37℃，这对于格陵兰岛来说是非常炎热的。冰原无法年复一年地承受如此炎热天气的冲击。当我刚开始在这里工作时，我认为气候变化会在未来的几百年或几千年缓慢影响这里，但现在我可以肯定地说，在未来的80年内，仅这片冰原的融水就能让全球海平面上升至少30厘米。"

　　丹麦气象研究所最近宣布，2021年夏季格陵兰岛的平均气温比往常同期高出10℃，冰川损失的冰量是往年的两倍，这证实了阿伦的观察结果。

　　问题在于，人为排放的温室气体（尤其是二氧化碳）造成的气候变化正在对该地区产生深远影响。这被一个微不足道的细节凸显了出来，该细节其实对未来影响重大，完全出乎人们的意料。

　　2021年8月14日，位于格陵兰冰原最高点的美国国家科学基金会科考站下起了雨。根据美国国家冰雪数据中心的数据，这是"在不到10年的时间里第三次降雨，也是今年有记录以来最晚的一次"，而在这个海拔3216米的地方，年平均气温为零下30℃，曾出现过破纪录的低温。1991年12月22日，位于格陵兰岛中心的一座自动气象站记录到这里隆冬的气温骤降至北半球有史以来最低的零下69.6℃。它使之前的纪录保持者，俄罗斯上扬斯克气象站和奥伊米亚康气象站黯然失色，这两座气象站分别在1892年和1933年记录到零下67.8℃的最低气温。然而，在2021年8月14日，这里的夏季气温有几小时上升到了冰点以上，这非常罕见。但科学家认为这种情况在未来会变得越发普遍。加拿大马尼托巴大学的研究人员预测，如果全球变暖的速度没有变化，全球气温将上升3℃，而不是《巴黎协定》指出的1.5℃这个温控目标，那么到本世纪末，北极地区将以降雨而不是降雪为主，尤其是在秋冬季。

　　后来发生的事更加深刻地证明了这一点：在2021年底，格陵兰岛的冬季气温也意外上升。12月20日，格陵兰首府努克的气温达到13℃，而当季平均气温为零下5.3℃，同一天，北部小镇卡纳克的气温为8.3℃，而每年这个季节的平均气温为零下20.1℃。人们通常认为气温升高是由一种被称为"焚风效应"的自然天气现象导致的。焚风是干燥、温暖的下沉气流，通常出现在山脉的背风坡上。它们在格陵兰岛并不罕见，且通常只出现在局部。2021年12月20日，焚风同时席卷西海岸大部分地区和东海岸部分地区，这绝不正常。

　　这种气候变化的结果是，格陵兰岛的许多冰川加速融化，在被润滑过的地基上移动得更快了，并以越来越快的速度崩解为冰山。一个由89名科学家组成的国际团队对卫星数据进行了"冰原质量平衡相互比对实验（又译为冰原质量平衡比对演习，IMBIE）"研究，研究成果于2019年发表在《自然》杂志上。该研究显示，自1992年以来，格陵兰冰原上约有4万亿吨冰流入海洋，导致全球海平面上升约1厘米。在下一个千年里，这可能会转化为更大的影响。

　　如果格陵兰冰原上的冰全部融化，全球海平面可能上升约7.3米。在这个气候变暖的世界里，眼下的问题是，冰原融化的速度比前工业化时代更快。总的来说，融化的冰比冻结的冰要多，所以每年，格陵兰冰原上的冰都会有净损失。据估计，格陵兰冰原在过去10年中失去的冰比20世纪损失的总和还要多。如果我们以此展望未来，格陵兰冰原将遭受的破坏是不可想象的。在太平洋的基里巴斯等岛国，大部分国土的海拔仅2米，那里的居民已经面临家园消亡、不得不到世界其他地方重新定居的困境。如果我们再放眼看向更远的未来，迈阿密和新奥尔良等地势低洼的城市也可能消失在海浪之下。在全球变暖的背景下，格陵兰冰原的命运将会牵动地球上的所有人。

▼ 这种巨大的蓝绿色湖泊是格陵兰冰原出现问题的第一个迹象。

拍摄手记

格陵兰岛斯托尔冰川

　　女摄影师海伦·霍宾在格陵兰岛西海岸用无人机拍摄冰山崩解现象，和《冰冻星球Ⅱ》纪录片的其他拍摄之旅一样，此次拍摄也并非一帆风顺。

　　几个星期以来，我们的小团队都在斯托尔冰川旁扎营，密切关注冰川即将崩解的任何迹象，这很快就让人变得有些走火入魔。太阳24小时上班，冰川上不断传来冰的嘎吱变形声，低沉的位移声和断裂声不绝于耳，尽管是轮班工作，但我们也几乎无法休息。当我躺在睡袋里试图睡觉时，冰川上最轻微的爆裂声也会响彻大地。我既想留在温暖的睡袋里，又想起来去看一眼发生了什么，真是太折磨人了。所以在这次拍摄中人很容易发疯。因为太阳不会落山，蚊子只在每天凌晨2点左右才会消停一会儿，睡会儿觉的时间也稍纵即逝。

　　我们的导演萨夏·索普经常蜷缩着身子席地而坐，眼睛牢牢粘在双筒望远镜上。因为光的传播速度比声音的传播速度快，通常当你听到雷

▼ 摄制组在格陵兰岛的斯托尔冰川口对面扎营，耐心地等待冰川崩解。

鸣一般的冰川裂解声时，冰川往往已经跌入水中了。由于无人机的电池只能维持一会儿，而且大部分电量被用在了往返于冰川边上和基地之间的飞行中，因此选择最佳起飞时机是一场赌博。飞得太早，你可能就不得不在冰川崩解刚开始的时候把无人机飞回来；飞得太晚，等无人机到了那里，就没什么可看的了。要是你想把无人机直接安置在冰川附近，那这架无人机就会深陷险境。冰层可能毫无征兆地从水面下涌出，像鲸一样冲破水面，直到它开始下沉，我们才会听到它的声音。崩解下来的冰落入水中时不仅能制造巨大的水花，还会掀起巨浪卷向低空飞行的无人机。如果无人机从上方被崩裂下来的冰击中，那几秒之内无人机就会坠毁。同时无人机还会遇到来自广阔冰面的强下降风。

　　"然而，要是起飞时机恰到好处，那么你就会收获一种非凡的感觉。我还记得，当我看到冰川前端的一部分开始裂开时，我本能地让无人机掉转方向，靠近这特定的部分盘旋。随后，这块冰脱离了冰川，落入海中，几乎要沉入海底，但它又浮出水面，不断地重塑自身的形状，一根冰做的尖刺不断生长，越长越高，直到它重新回到阳光下。随后，这块冰又在水中翻滚了几圈，再次开始重塑。"

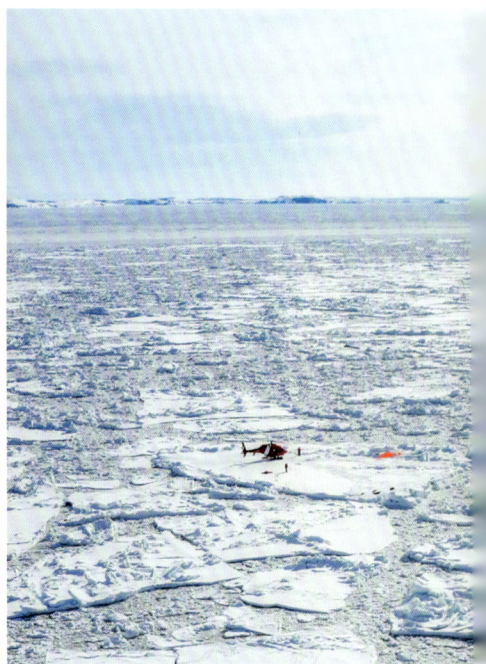

履于薄冰

格陵兰冰原由淡水冻结形成，而覆盖北冰洋的是一个漂浮的海冰平台，其面积和体积在冬季增加，在夏季减少。近年来，夏季海冰的覆盖范围已经减少到20世纪80年代覆盖面积的一半以下。北冰洋海冰的冻—融循环对北极地区所有野生动物的生存都至关重要，包括我们在第2章中提到的那些可爱但脆弱的竖琴海豹幼崽。竖琴海豹幼崽能否存活取决于它们早期在冰面上的生活，但随着夏季海冰解冻的时间越来越早，它们在做好生存准备之前就被扔进了大海，导致一些地区的竖琴海豹种群数量大幅减少。杜伦大学的海洋生态学家詹姆斯·格雷西安正在密切关注这些竖琴海豹幼崽对于气候变化的应对方式。

詹姆斯是气候变化对北极地区生态系统影响研究小组的一员，我们的摄制组和他一起乘坐直升机飞去加拿大东海岸被冰雪覆盖的圣劳伦斯湾。他在破碎的浮冰边缘寻找竖琴海豹的幼崽。作为北大西洋数量最多的海豹之一，竖琴海豹是该地区的关键物种，极易受到海冰条件变化的影响。

直升机试探性地降低飞行高度，并在距离冰面仅几厘米高的地方盘旋。一名研究人员在直升机落地之前率先跳下来检查了冰面的厚度。冰面至少要有30厘米厚才能保证安全。

"这是一个危险而荒凉的地方，但对这些竖琴海豹来说却是完美的生存基地。"詹姆斯说道，"竖琴海豹是一个研究起来非常有趣的物种，因为它们的生活与海冰紧密相连。没有海冰，它们就没有地方繁殖或抚养后代，更没有地方觅食。"

科考队在冰面上为竖琴海豹幼崽安装了小型GPS信号发射器。他们正在寻找的

那些幼崽已经是气候变暖下的幸存者了。幼崽常在冰面上休息。这些冰面都坚持了足够长的时间没有融化，好让在这里生活的每只幼崽都换掉白色皮毛，长出灰色的新皮毛。通过监测它们一年的活动，研究小组发现在圣劳伦斯湾和格陵兰海生存的幼崽会向北行进3500多千米，到达巴芬湾、巴伦支海北部和北冰洋的其他地区，它们的迁徙路线与它们的父母相似。然而，来自这两个地方的幼崽却表现出不同的潜水行为。

在最初的25天里，两地竖琴海豹幼崽的潜水行为是相似的，这可能是由于它们正在完善自己屏息与潜水的能力。但开始觅食后，这两个种群的潜水方式就出现了分化。格陵兰海的小海豹有好几个月的时间都可以接触到海冰，所以它们在海冰边缘的潜水时间较短，深度较浅。相比之下，圣劳伦斯湾的冰层退却得更早，小海豹不会继续追逐缩小的冰层，而是学会了在无冰环境中潜水。从积极的方面来看，这表明竖琴海豹在早期觅食行为上有一定程度的灵活性，但是，从长远来看，海冰边缘是竖琴海豹赖以为生的鱼类集中的地方，而可能到2035年夏季这里就完全不会有海冰了，那么这些竖琴海豹能够适应这种巨大的变化吗？詹姆斯和他的同事们正着手探究这个问题。

"北极地区目前的变化比以往任何时候都要快。我们已经看到了这样的景象：在没有海冰的年份里，雌性竖琴海豹在水中分娩，幼崽刚刚出生就直接被淹死。我认为气候变化的一个重要问题是人们很难察觉到这些变化。如今，我们很容易在海洋中看到塑料碎片，而我们只要不向海洋倾倒塑料就能改变现状。就竖琴海豹所面临的问题而言，事实也非常显而易见：如果我们失去了海冰，我们同样会失去竖琴海豹。我们很可能在50~100年内就再也看不到竖琴海豹的身影了。"

地球反照率

了解冰雪圈的野生动物如何适应在冰上、冰下或被雪覆盖的地方生活固然很有趣，但我们也应该花点时间思考一下冰雪圈消失会带来的一个不太为人所知的后果。冰和雪，无论是在北冰洋、南极大陆、山脉还是其他地方，都是调节地球气候的关键因素。冰雪圈的白色表面能将太阳的能量从地球反射出去。它是地球冷却系统的一部分，这牵涉到"反照率"这一科学概念。

太阳能是我们这颗星球上天气和气候的主要驱动力，多少太阳能被大气、海洋和陆地吸收或反射回太空这一点对未来全球气候的变化有深远的影响。在正常条件下，大约1/3的太阳能会被反射出去。自20世纪70年代以来，地球的平均反照率约为0.3，这意味着30%的太阳能会被反射出去。影响反照率的因素包括冰雪覆盖，地表覆盖，云层和空气中的来自火山爆发、森林火灾、沙尘暴或人为污染的颗粒物或气溶胶。举例来说，如果整个地球被冰覆盖，反照率将上升到0.84，这意味着84%的太阳能将被反射回太空；如果地球被深色的密林覆盖，反照率将变成0.14左右，这意味着大部分太阳能将被地球吸收。自千禧年以来，人们一直担心地球的反照率可能正在下降，其中一个特别明显的地方是北极地区，海冰的消失正在加速地球反照率的下降。

美国航天局称，北半球相较地球其他地方吸收了更多的太阳能，尤其是北冰洋的外缘地区。随着深色的海洋取代白色的冰和永久冻土的融化，更多的太阳能被吸收，被反射回太空的太阳能减少，这就是"北极放大"现象。1979—2011年，北极地区的反照率从0.52下降到0.48。这看上去似乎不是一个幅度很大的下降，但科学家却认为它相当大。美国航天局的数据显示，这一下降引起的升温约为同期大气中二氧化碳浓度增加引起升温的1/4。这也是一个能无限循环的过程：更多的太阳能被吸收会导致更多的北极冰雪消融，而冰雪消融量增加又导致更多的太阳能被海洋和冻原吸收，如此循环直到没有冰雪，或温度重新降低打破循环。对于北极地区的野生动物来说，这是一场已经上演的灾难。最终，在繁殖季竖琴海豹和冠海豹将没有冰面可以栖息，北极熊也将失去它们捕食的冰面平台。

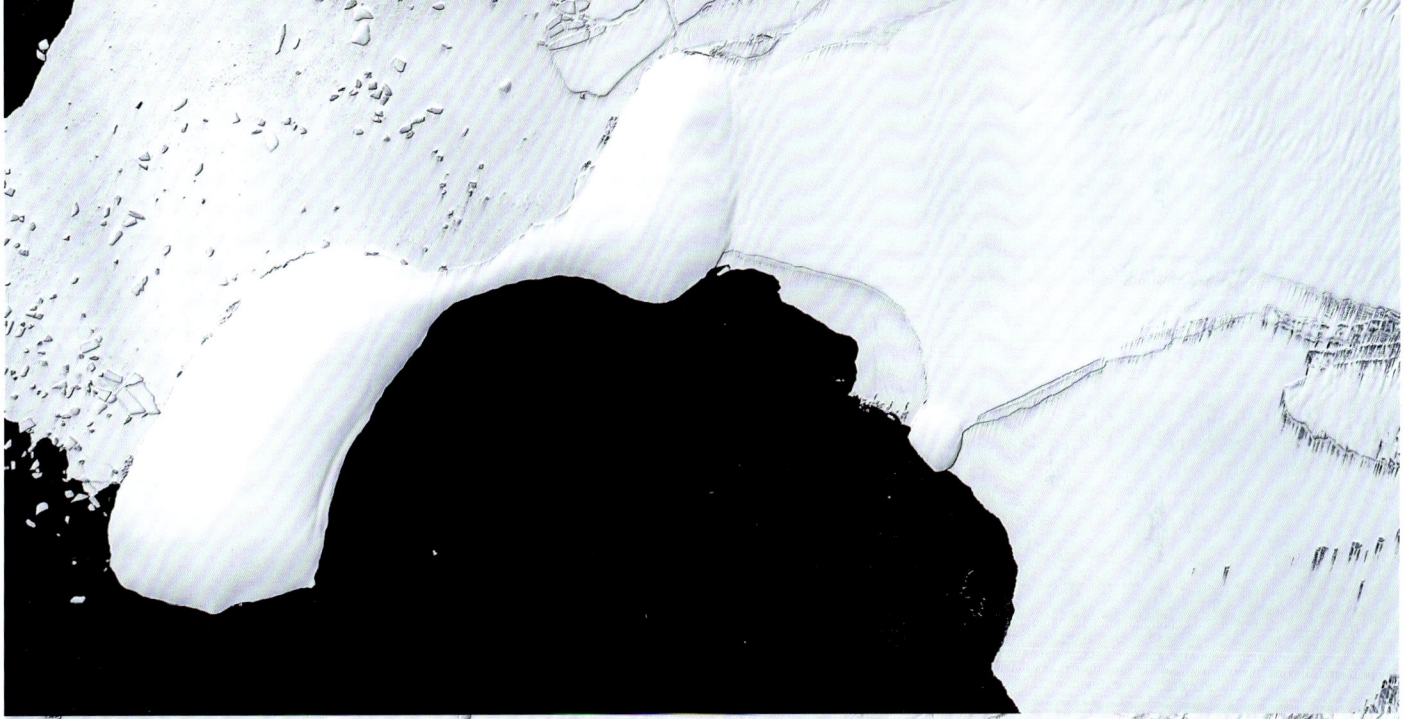

遗世不独立

海冰消融带来的连锁反应在夏天的俄罗斯弗兰格尔岛尤为明显。在这里，不顾一切上岸觅食的北极熊数量空前庞大。其中大多数都是在楚科奇海、东西伯利亚海和波弗特海的冰面上狩猎的北极熊种群，它们通常在夏天来到弗兰格尔岛，一直待到冬天海面结冰。一些北极熊在岛上的海滩上寻找食物，例如鲸的尸体或海象的尸体；而另一些则前往内陆寻找任何它们能吃的东西。除了常驻的护林员、一些来访的科学家和偶尔来的一船游客，这个地方几乎无人居住，因此野生动物不受干扰。根纳季·费奥多罗夫是弗兰格尔岛州立自然保护区的护林员之一。

"弗兰格尔岛是一个独特的地方，"他说，"熊是岛上自然的一部分。它们是强大的捕食者，而我们是它们的食物，所以我不会试图和它们成为朋友。我得做好准备，以防它们随时接近我。"

根纳季在他的临时木屋的木板上钉了许多15厘米长的钉子，钉尖朝外，以此来驱赶任何可能来觅食的北极熊。这招似乎很管用，但每年夏天，他通常都不是一个人在这里。根纳季工作的一个重要部分是与来访的北极熊科学家合作，以确定每年有多少头北极熊上岛，以及这些北极熊到底从哪里来。华盛顿大学极地科学中心的定量生态学家埃里克·雷格尔就是岛上的访客之一。他一直在研究，在将人类列为生态系统的关键组成部分的前提下，如何估算动物数量及其存活率和繁殖率。他和他的俄罗斯同事一直在密切监测北极熊的动向；鉴于夏天海冰的减少，他们试图确定北极熊是否正在适应陆地上的生活。

"它们是聪明的动物，"埃里克提醒我们，"而海豹富含脂肪，陆地上没有任何食物能与北极

在弗兰格尔岛的海滩上，一群北极熊正在啃食海象的尸体。这是为数不多的如此数量的北极熊聚集在同一处的场景之一。

熊在海冰上吃的海豹相比。"

埃里克的研究表明，至少从目前看来，弗兰格尔岛的北极熊似乎吃得很好，也很健康，但这只是迁徙到弗兰格尔岛的北极熊中的一个亚种群，所以一个巨大的疑问随之浮出水面：这些北极熊究竟来自哪里？它们是本地北极熊，还是从很远的地方来到这里的？为了找到答案，埃里克用了"毛发陷阱"这一采样技术。毛发陷阱是一个盒子，盒子底部涂着气味诱人的液体，盒子内壁上有钢丝刷。北极熊闻到气味后，会把它们的爪子或头伸进毛发陷阱里，钢丝刷就能刮下几根北极熊的毛发。分析这些毛发可以知道北极熊的DNA，于是埃里克可以独立追踪每头北极熊来自哪里。

"我们不知道弗兰格尔岛上的北极熊具体来自哪里，例如，有些个体可能来自尚未研究过的种群，毛发陷阱可能有助于我们了解这些北极熊属于哪个种群。"

然而，到达弗兰格尔岛的北极熊数量多得令人诧异。尽管埃里克已经研究北极熊有近20年的时间，但近年来出现的北极熊的数量还是让他大吃一惊。

"这里的北极熊密度是我以前从未见过的。过去的两年里，我们看到了大约500头北极熊，而我感觉我们看到的可能只是冰山一角。"

正如野生动物摄影师约翰·艾奇逊在弗兰格尔岛上发现的那样，气候变暖对这些北极熊和它们捕食的海象产生了意想不到的影响。

"从悬崖顶向下看，我们可以看到很多岩石掉落到了下面的海滩上。这座岛的很多部分都是由冰层黏合在一起的松散物质组成的，这些物质也形成了某种'永冻'结构，但这种结构正在融化。有一天，一大块东西掉了下来，砸死不少海象。还有一次，一大块东西掉下来落进了水里。海滩上的北极熊受了惊，就游向大海，再也没有回到岛上。它们已经忍无可忍了，自顾自地一直往外游，可能是前往邻近的岛屿或140千米外的大陆。"

约翰在与来访的科学家交谈时发现，除了落石之外，海象还会受到其他东西带来的伤害。

"没有了冰层，越发频繁的海上风暴会掀起更大的海浪，海象，尤其是年幼的海象，会被从海滩上冲回大海，在水里精疲力竭后淹死，这种情况在过去并不常见。

▼ 体形大的雄性北极熊能最先获得食物。年轻的雄性北极熊和雌性北极熊必须在一旁等待，否则就有被攻击的危险，因此北极熊们很快就排起了队。

▲ 在弗兰格尔岛上，一
头饥饿的北极熊正在
查看弗兰格尔岛上的
一间小屋。饥饿的北
极熊对科学家和护林
员来说是一个重大的
威胁。

　　"此外，岛周围的浅海一直延伸到大陆，海象能够在海床上寻找蛤
蜊。但是由于这片海水很浅，海水升温更多，氧气减少，海水吸收了更多
的二氧化碳而变成酸性，这对海象的主要食物——双壳类软体动物造成了
危害，它们的壳会变得更为脆弱。在短期内，北极熊还可以在这里捕食大
量海象，但从长远来看，海象可能不会再来弗兰格尔岛觅食。如果发生这
种情况，北极熊在弗兰格尔岛的未来将变得渺茫。"

　　这些明显的变化不仅出现在弗兰格尔岛上。在整个俄罗斯北部，北
极熊正在入侵沿海人类居住的社区。例如，2019年，56头又瘦又饿的北极
熊突然来到俄罗斯东北部的Ryrkaypiy村，它们进入公寓楼的公共区域，试
图闯入有人居住的地方，并在垃圾堆上觅食。过去，只有1~2头北极熊可
能会从几千米外的施密特角（Cape Schmidt）来到这个村庄，但现在每年
夏天都会有很多北极熊来到这里，当局不得不考虑把700名村民安置在其
他地方。这些都是埃里克·雷格尔在北极地区看到的变化的一部分。

　　"在过去的30年里，这一地区的海冰发生了巨大的变化，可以预见
的是，我们会看到北极熊活动和分布的变化。北极熊将会出现在它们以前
从未出现过的地方，它们也会从以前生活的地方消失。对于世界上的大多
数人来说，世界气候变化仅仅是一个只在新闻里听到的逸闻，但在北极地
区，这却是活生生的现实。"

传统的消亡

格陵兰岛北部的因纽特人非常清楚这一现实，而对于居住在卡纳克镇的居民来说更是如此。卡纳克镇是世界上最北边的人类定居点之一，它位于格陵兰岛的西北端，居住在这里的人们在冬天几乎一直处于黑暗之中，而在4—8月则是24小时都阳光普照。隆冬时节的气温最低可达零下58℃，盛夏的气温最高可达20℃。一年中，这里的海洋大部分时间都被海冰覆盖，这是因纽特人捕猎海豹和海象的重要平台。他们往往乘坐沉重的雪橇在冰面上打猎，雪橇由雪橇犬拉着，镇上的雪橇犬比人还多。在夏天，海面上会短暂地出现开放水域，因纽特人能够乘坐小船捕猎鲸，这是国际捕鲸委员会特别批准因纽特人的狩猎活动，这种狩猎活动是这里的原住民自给捕鲸配额的一部分。冬天的海冰和夏天的海洋都是因纽特人的高速路。所有捕猎的收获都不会被浪费。这些狩猎所得能够为因纽特人提供食物、毛皮、皮革，因纽特人还可以制作手工制品为整个因纽特民族提供额外的收入来源，例如雕刻独角鲸和海象的牙。这是一种传统的生活方式，自4000多年前该地区第一次有人定居以来一直延续至今，每一代人都将这些技能和知识传给下一代人。然而现在，来自乌马纳克的猎人阿莱卡齐亚克·皮尔里告诉我们，这个地方正在迅速变化，尤其是海冰的状态。

　　"传统对我们的民族来说很重要，我们为自己的民族感到自豪。我们依靠海冰打猎，雪橇是我们最安全的出行方式，但今年海冰上到处都是水，而且冰层很快就会破裂，所以我们必须相信我们的雪橇犬。不知道为什么，雪橇犬能够知道我们什么时候会接近薄冰，当它们停下来时，我们就不能再往前走了。我们只能回去，别无他法。"

　　不过，回程也可能会有危险，雪橇会在冰面上颠簸，差点就要翻倒，把猎人摔进冰冷的海水中。海豹捕猎季就这样结束了，直到几个月后海面有望再次结冰之前，都不会再有冰上捕猎了。

　　对于卡纳克的650名居民来说，改变生活方式并非史无前例：如今，他们的房子里有了暖气，小镇上有便利店、路灯和儿童游乐区，孩子们甚至能够在街上踢足球。但海冰的消失可能意味着这里的居民要迎接一个与他们的传统过去截然不同的未来。

　　"当海冰消失时，地球上的一切都会受到影响。"阿莱卡齐亚克说，"如果世界在变化，那么我们也必须随之改变，但对我们来说，世界变化得实在太快了。"

极端天气

因纽特人所经历的异常情况并不只出现在地球的极北地区。在世界各地，人们正在遭受异常天气及其后果的袭击：异常强烈的雷暴、"炸弹气旋"、台风、飓风、龙卷风、毁灭性的洪水、山体滑坡、泥石流、雪崩、沙尘暴、热浪、"热穹顶"和野火……大约50年前，气候学家曾预测所有这些事件将会更加频繁地发生，它们都将因全球变暖而越发恶化。耶鲁大学的一项研究甚至预测，飓风与台风将不会局限于热带地区和亚热带地区，而是会扩展到中纬度地区。2021年，芬兰的研究人员在北极高纬度地区记录的雷击次数是前9年总和的两倍，然而这个地区通常没有闪电形成的条件。雷暴需要对流的潮湿空气，然而在北极地区通常没有这种类型的空气，但近年来由于气温上升和海冰融化，更多的水蒸发到了大气中，并凝结形成雷雨云。

2021年是极端天气频发的一年，这一年已经预示了未来：当年的7月

是有史以来最热的月份；暴雨和毁灭性的洪水袭击了德国、英国、美国、中国、印度和尼泊尔；一系列在美国史无前例的超强龙卷风横扫了肯塔基州、阿肯色州、密苏里州和田纳西州；创纪录的降雪和低温笼罩了马德里；最后是阿拉斯加科迪亚克岛的圣诞热浪将温度计的汞柱升至19.4℃的位置，这是该州有史以来12月的最高气温。一般而言气温纪录仅仅会被打破1~2℃，但这次的气温比之前的州纪录高了7℃。接下来该地又迎来暴雨，暴雨过后气温骤降，万物冻结，当地称之为"霜冻末日"。科学家认为，这种变幻莫测、波动剧烈的天气是气候变暖的直接后果。

上述的一些事件波及范围广阔，即使在太空中也能看到。美国航天局的宇航员杰西卡·迈尔在每90分钟绕地球一周的国际空间站上观测到了这些事件。

"从国际空间站眺望地球的不同之处在于，由于距离地球表面约400千米，我能获得一种完全不同的视角，可以看到更大规模的地理现象，这是在地面上无法体验到的。在地面上，你想到地球的时候更多会想到地图或地球仪，你会看到国家之间的人造边界，认为这就是世界真实的样子，但当你从这里往下看时，你会意识到人类真的是紧密联系在一起的。作为一个命运共同体，我们没有意识到我们正在制造的影响，也没有意识到我们需要做些什么。在这件事上，每个人都需要发挥作

▶ 在异常炎热的天气里，野火在西伯利亚的针叶林和冻原肆虐。

用。我们正在对地球产生巨大的影响，这是我们无法否认的。我看到了几处野火。我们正在欧洲上空飞行，那里正在发生火灾。"

目前，全球野火发生的频率正在增加，这显然表明我们的星球出了严重的问题。不出所料，美国国家跨部门消防中心的数据显示，野火燃烧面积最大的年份恰好是有记录以来最热的年份，尤其是在美国西部地区，如加利福尼亚州、俄勒冈州、华盛顿州和科罗拉多州。大多数火灾发生在春季和夏季。过去，每年火灾的数量在8月达到高峰，但在近些年，高峰提前到了7月初，而且火灾甚至可能在一年中的任何时候爆发，比如2021年12月的科罗拉多州火灾。同样，在希腊、土耳其、西班牙、巴西、印度尼西亚、中国、加拿大、非洲南部、澳大利亚和英国等地，野火的数量和强度也在不断增加。

然而，不光是个人的生命财产会受到这类火灾的威胁，从全球角度来看，最令人不安的必定是北极地区出现的所谓"僵尸火灾"。2019年夏天，大片的北方森林和泥炭地被大火吞噬。北极地区上升的暖空气吸收了灼热气流，使南部地区更加干燥，导致这片区域成为火药桶。在6月和7月间，这里爆发了100多起长期大火，其中大部分发生在西伯利亚和阿拉斯加。尽管人们认为大火已经在冬天到来时熄灭，但火苗在第二年春天又死灰复燃，"僵尸火灾"因此得名。天空中充斥着大量的黑炭颗粒或烟灰，有证据表明它们加速了冰的融化。黑色的烟很容易吸收阳光，当它落在冰层上时，会使冰层表面变暗，因此冰层反射出去的太阳能就会减少，更多的热量便滞留在了大气中。

2019年6月，北极地区的大火向大气中排放了约5000万吨二氧化碳，这相当于瑞典一年的总排放量，超过了过去8年间北极地区每年6月排放量的总和。如此规模的碳排放量是由于北极地区的大火波及了地下的泥炭沉积物。由于北极地区变暖，永久冻土中的泥炭变干，而这些泥炭是高度易燃的。于是，闪电引发大火，并且这些大火持续的时间比森林大火还要长。由于闪电在北极地区出现的频率增加，火灾也可能会随之增加。这样的泥炭火灾也会造成更多的滑塌，并释放出一种更强效的温室气体——甲烷。

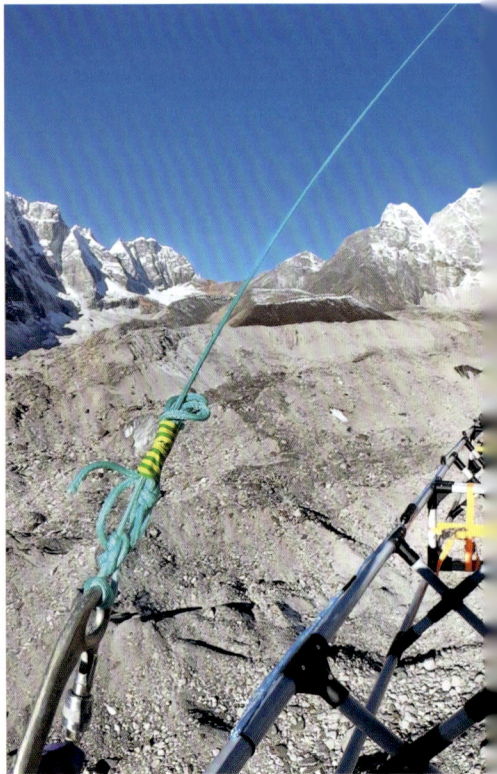

冰川融水

▲（左）
哈米什·普里查德的直升机飞过果宗巴冰河。

（右）
哈米什用来测量偏远冰川冰层厚度的雷达阵列悬挂在直升机下方，这是他在接近坤布冰河（又译为昆布冰河或昆布冰川）上的冰瀑时拍摄的照片。坤布冰河与果宗巴冰河相邻，从珠穆朗玛峰上向着西南方向一路流淌下来。

在气候变化的相关研究中，科学家的研究重点主要集中在极地地区，但冰雪圈的其他部分也显示出与极地地区类似的变化趋势，其中最明显的是喜马拉雅山。喜马拉雅山是世界上除极地外拥有最大冰冻水体的地方之一。这个偏远而荒凉的地方蕴藏着地球上最宝贵的资源——淡水。这里的水可以饮用，也用来灌溉作物，超过10亿人都依赖着喜马拉雅山区的水，但科学家不知道这里到底贮藏了多少水。英国南极调查局的冰川学家哈米什·普里查德正试图找到答案。

"我们只知道这些冰川每年损失大约半米厚的冰，但我们不知道还剩下多少。如果知道的话我们就可以预测淡水供应还能持续多久。"

当我们的摄制组找到哈米什时，他正在喜马拉雅山的果宗巴冰河（又译为果宗巴冰川）。果宗巴冰河是尼泊尔最长的冰川。他准备在一架直升机下面部署一个机载雷达勘测平台。

"雷达发出的无线电波从冰川底部反弹回来，我们可以据此计算出冰层的厚度。但这是实验性的工具，现在外界还没有类似的装置，但希望它能帮助我们在偏远山区获取数据。"

▲（右）
雷达阵列正在夏尔巴人居住的南崎巴札小镇附近运作。

"这座冰川的数据非常清晰。冰川大约有150米厚，以目前的融化速度推测，我们勘探的这部分冰川还能维持200~300年。但还有很多冰川比它要小得多，冰层也薄得多。随着冰川融化速度的加快，冰川消失的速度也会加快。

"这些冰川消失后会发生什么？这里的许多人都生活在干旱和半干旱地区，他们在极大程度上依赖这些山区的融水供应来度过夏季。这里有世界上用水最密集的经济体。许多河流跨越国界，流经印度、巴基斯坦、阿富汗和中国等国家。如果这些国家的水资源面临压力，这些国家就会面临压力，届时可能会有数百万人流离失所。失去这些冰的一大风险是，这里部分地区的紧张局势可能加剧，发生冲突的风险也会上升，这将会是一种非常可怕的未来。

"近些年出生的孩子就能看到这些场景的上演。他们将承受我们选择的排放战略所带来的后果。我认为，几十年来，我们已经知道这些变化正在发生，且这些变化存在着临界点，一旦情况超过了临界点，我们就无法再改变这种局面了。如果我们设法减少排放，那么夏季变暖的趋势就会减弱，冰的流失也会减少，我们就能为自己赢得时间，并确保下游数亿人的供水。"

末日冰川

▼ 来自国际思韦茨冰川合作组织的一组科学家在思韦茨冰川的冰面上扎营。

最令科学界不安的冰川并非处于世界上最大的山脉中，而是在南极洲。思韦茨冰川位于南极洲西部，被来访的科学家称为"世界上最难踏足的地方"。它的大小与佛罗里达州相当，被列为世界上最宽的冰川。尽管在过去的30年里，它的移动速度翻了一番，但从冰川上滑落下的冰块都被一座伸出海面的冰架所阻挡，而这座冰架本身又固定在一座海山上。这座冰架阻止了冰川继续移动，所以保持冰架的完整是至关重要的。然而最近的观察显示，这座冰架上出现了裂隙，有些长达10千米，隐隐有断裂之势。如果冰架彻底断裂，那么南极洲内堆积的大量的冰都会"倾巢而出"，全部落入海中。哥德堡大学的安娜·瓦林认为，这座冰架本身就很特别，"它就像一堆被压在一起的冰山，所以它不像其他冰架那样是一块坚实的冰"。它可能会"像汽车挡风玻璃一样爆裂成数百块碎片"。

如果这座冰架及其后面的冰川崩塌，全球海平面可能会上升至少65厘米。对比来看，自1900年以来，全球海平面已经上升了大约20厘米，低洼沿海地区的居民已经因为洪水和农业用地的盐碱化而被迫离开家园，如果海平面再上升65厘米的话，后果将是灾难性的。进一步设想未来，情况只会更加糟糕。如果思韦茨冰川崩塌，南极洲西部冰原附近的其他冰川可能也会随之崩塌，那海平面就不是上升几十厘米了，而是上升几米。

　　虽然大多数冰川都受到气温变化的影响，但研究思韦茨冰川的科学家认为，影响这座冰川的热量来自冰川底部。为了查明情况是否如此，国际思韦茨冰川合作组织的一个国际科学家小组正在密切研究该冰川。宾夕法尼亚州立大学的冰川学家和地球物理学家斯里达尔·阿南达克里希南就是其中的一员。

　　"整个冰川学界已经认识到南极洲海平面上升是未来几十年最紧迫的问题，我们作为一个合作小组，试图弄清楚这一问题，各国政府也开始了合作，因为这至关重要。"

　　为了了解正在发生的事情，斯里达尔和他的同事们勇敢地面对南极洲西部反复无常的天气情况，把仪器安置在冰层上和冰层内。

　　"不到冰面上去就无法测量冰面下的东西，"他说道，"有关冰川的数据不可能从太空中获取，也无法通过无人机或飞机飞过去测量。你必须亲自踏上冰面，然后在冰层上安置好仪器。"

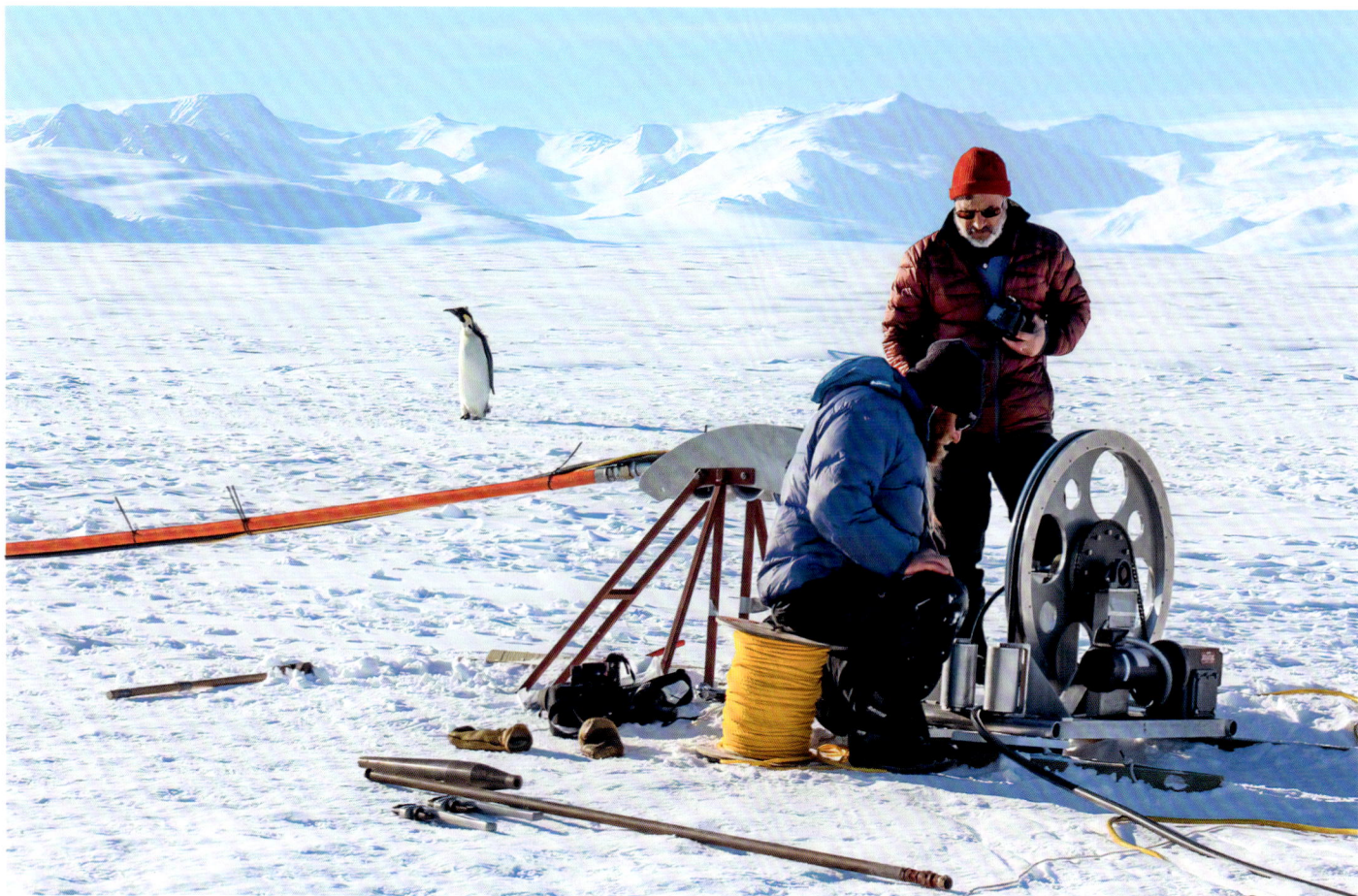

▲ 一只好奇的帝企鹅
想看看这些都是什么
东西。

在向下钻井600米到达冰层和岩石的交会处后，研究小组发现，正如预测的那样，思韦茨冰川底下存在温水。这里的水的冰点比海水高约2℃，在极地地区，海水的冰点约为零下1.8℃。潮汐导致冰架上升和下降，将温暖的水直接泵入冰层之下。这些发现令人不安，但只有了解所有的事实，科学家才能对南极洲冰川融化导致的未来做出准确的预测。斯里达尔指出这不是一个局部问题。

"世界上的很多地方都有人住在离海洋不到1米的位置，一旦冰川融化，融水注入海中，全世界的海水都会上涨。南极洲冰川蕴藏的水量非常巨大，因此这是一个全球性问题。"

▲ 国际思韦茨冰川合作组织的水下机器人"冰鳍"的形状像鱼雷。它可以用来探测冰层底下的状况。

　　仅南极洲西部冰原储藏的水量就能使海平面上升3.2米，而整个南极地区的冰融化将导致海平面上升骇人听闻的57米，这些迫切的问题如今就摆在我们面前：南极洲的冰川会融化多少？融化的速度有多快？我们能在多大程度上减缓冰川融化的速度？科学家已经确定，温暖的海水正在侵蚀南极洲西部的许多冰川，但对思韦茨冰川的影响尤其令人担忧。我们希望来自国际思韦茨冰川合作组织的新数据可以为冰川融化过程提供一个新视角，这样科学家就可以更准确地预测未来的变化。不过就目前而言，这些科学家预测的变化将在很短的时间内到来，也许只要几十年，届时思韦茨冰川终将面临崩塌，其消亡的所有后果都会成真。对人类来说，这将是一个至关重要的时刻……一个性命攸关的时刻。

致谢

首先，我们要感谢迈克尔·布赖特为打造这本书所付出的辛勤劳动和他的奉献精神。感谢劳拉·巴威克，她以她的专业眼光为这本书选择了最佳的配图。

在地球最寒冷的地区工作并非易事，我们对所有参与寻找和拍摄这些罕见风景的人员深表感谢。数不胜数的科学家和各领域专家付出了他们的宝贵时间，与我们分享在这些遥远且不断变化的土地上发生的罕见、"新鲜"的故事。我们还要感谢所有尽职尽责的野外向导团队、政府机构和科研机构，尽管有全球疫情的影响，但他们在我们到现场进行实地访问时仍然热情地欢迎了我们。

我们敬业的摄制团队与声音制作团队在漫长隔离期的间隙可以说是走遍了天涯海角。隔离期也为拍摄片中这些本身就很复杂的长镜头增加了难度，但他们都克服了。我们的安全顾问、潜水顾问、船长、船员和向导都是在高山、雪地和海冰等地工作的专家，他们为拍摄团队在这些危险地带的拍摄工作提供了可靠的安全保障。

最后，我们要感谢出色的制作团队，感谢他们在四年半的时间里的热情、坚韧和奉献精神，使我们的《冰冻星球Ⅱ》能够真实地展现出这个令人难以置信且不断变化的世界。

马克·布朗洛与伊丽莎白·怀特

制作团队

Sir David Attenborough
Jack Bootle
Alan Neal
Alex Lanchester
Alex Ponniah
Alexandra Fennell
Ashley Noulty
Beth Cullen
Caroline Cox
Claire Aston
Daniel Turner
Dave Cox
Ellie Pinnock
Elliot Jones
Emily Duggan
Emily Humphrey
Emily Thurgood
Emma Fry
Erin McFadden
Estelle Ngoumtsa
Gillian Taylor
Helen Bishop
Hiro Harazawa
James Reed
Jane Atkins
Jane Greenford

Jodie Allt
Joe Treddenick
Jon Cox
Judy Roberts
Karmen Summers
Kate Horvath
Kathryn Jeffs
Laura Bartley
Libby Prins
Louis Hunt
Louise Caola
Matt Allen
Miraca Walker
Orla Doherty
Polly Billam
Poppy Riddle
Premdeep Gill
Rachel Scott
Rachel Wickes
Sacha Thorpe
Sally Cryer
Sarah Conner
Sarah Titcombe
Stephen Parker
Toby Cresswell
Usha Amin
Will Lawson
Yoland Bosiger

摄影团队

Alex Vail
Andrew Thompson
Barrie Britton
Batgerel Battulga
Ben Goertzen
Benjamin Sadd
Bertie Gregory
Brandon Sargeant
Chen Xiaoyu
Dan Beecham
David Baillie
David Reichert
Dawson Dunning
Declan Burley
Erik Lapied
Erika Tirén
Espen Rekdal
Ester De Roij
Florian Ledoux
Florian Schulz
Garath Whyte
Gavin Thurston
Graham Mcfarlane
Grant Baldwin
Grigory Tsidulko
Gustavo

Vladivia
Hector Skevington-Postles
Helen Hobin
Howard Bourne
Hugh Miller
Hugo Kitching
Inge Wegge
Jamie Mcpherson
Jesse Wilkinson
Joel Heath
John Aitchison
John Brown
Joris van Alphen
Josh Wallace
Justin Hofman
Justin Lewis
Justin Maguire
Marcelo Villegas
Marco Andreini
Mark Carroll
Mark Payne-Gill
Mark Smith
Mathieu Dumond
Matt Hobbs
Max Kobl
Max Lowe
Michael Male

Mr Pei Jingde
Nick Widdop
Olly Jelley
Owen Carter
Pete McCowen
Peter Cayless
Raphael Boudreault-Simard
Raymond Besant
Ricky Kilabuk
Robert Hollingworth
Roger Munns
Rolf Steinmann
Rowan Aitchison
Ryan Atkinson
Sam Lewis
Sam Lowe-Anker
Sam Meyrick
Scott Mouat
Sergey Gorshkov
Simon De Glanville
Stuart Dunn
Ted Giffords
Toby Strong
Tom Beldam

Tom Ross
Wu Yuan qi
Zachary Moxley

录音师

Andrew Yarme
Darryl Czuchra
Freddie Claire
Phil Streather

影片编辑

Adam Coates
Andy Netley
Angela Maddick
Bobby Sheikh
Danny McGuire
Dave Pearce
David Warner
Emily Davies
Gary Skipton
Harriet Hoare
Joe Pedder
Matt Meech
Nigel Buck
Owen Porter
Pete Brownlee
Robbie Garlands
Robin Lewis
Sarah Bright

音乐

Adam Lukas
Anže Rozman
Bleeding Fingers
Greg Rappaport
Hans Zimmer
Jake Schaefer
James Everingham
Marsha Bowe
Natasha Pullin
Nichola Dowers
Russell Emanuel
Steven Kofsky
Tyson Lozensky

后期制作

Films at 59
Miles Hall
Shelley Stott

在线编辑

Ben Kersey
Chris Gunningham
Franz Ketterer
James Aitkin
Martin Ralph

Shaun Littlewood
Wesley Hibberd

配音编辑
Wounded Buffalo Sound Studios
Hannah Gregory
Kate Hopkins
Tim Owens

配音混音
Graham Wild

调色师
Adam Inglis
Simon Bland

平面设计
Moonraker VFX
Blake Liang-Smith
Emma Kolasinska
Lukasz Grzelak
Olly Hagar
Ryan McGrath
Tom Downes

英国广播公司工作室发行
Louise Muhlauer
Mark Reynolds
Monica Hayes
Patricia Fearnley

特别鸣谢
Abigail Lees
Abisko Scientific Research Station
Adam Gaudreau
Adrian Luckman
Alejandro Bello
Aleqatsiaq Peary
Alexander Batalov
Alexander Gruzdev
Alexandra Prasolova
Alexey Chugunov
Alfred Wegener Institute
Alison Fawcett
Alistair Hopper
Alona Serotetto
Alun Hubbard

Andrés Barbosa Alcón
Anja Frost
Anne Junglbut
Antarctic Logistics Centre International
Anton Overballe
Arctic Kingdom
Arctic National Wildlife Refuge, Alaska
Ari Friedlander
Arnaud Tarroux
Arran Laird
Athena Dinar
Australian Antarctic Division
Baptiste Martinet
Basile Longchamp
BBC Engineering
Benjamin Metzger
Beringia National Park, Russia
Bill Fraser
Bjørne Kvernmo
Brent Young
Brian Anderson
British Antarctic Survey
Bruce Hobson
Canadian High Arctic Research Station
Captain & crew, MY Gamechanger
Captain & crew, RV Investigator
Captain & crew, RV Polarstern
Caspar McKeever
Charlotte D'Olier
China Conservation and Research Center for the Giant Panda
China State Forestry and Grassland Administration
China Wildlife

Conservation Association
Chris Lane
Chris Webster
Clare Warren
Claudio Bustos
Colin Jackson
Comité Polar Español
Craig Buckland
CSIRO Marine National Facility
Dale Andersen
Danish Meteorological Institute
Danny Kleinenz
Darren Tracey
David Ainley
David Goodger
David Suqslak
Department of Fisheries and Oceans Canada
Derren Fox
Dhananjay Regmi
Diego Araya
Dimitri Evrard
Dina Matyukhina
Dion Poncet & crew, MY Golden Fleece
Dolgormaa Namsrai
Dominique Fauteux
Donna Gomes
Doug Allen
Douglas Hardy
Dylan Taylor
Ed King
Ejercito De Tierra, Base Gabriel Do Castilla
Elaine Hood
Emil Herrera-Schulz
Eric Regehr
Erling Nordøy
Eugina De Marco
Eurasian Linguistic Services Ltd
European Space Agency
Florian Stammler
Fortress Mountain Resort, Alberta, Canada
Garry Stenson
Gavin Newman
Gennadiy Fedorov
Geoff Schellens
Geoff York
Gerhard Bohrmann

Government of South Georgia and the South Sandwich Islands
Governor of Svalbard
Graeme Elliot
Gran Paradiso National Park
Gwich'in Tribal Council
Hamish Pritchard
Heather Liwanag
Helen Cherullo
Henry Mix
Heritage Expeditions
Hiroo Saso
Holly Wallace
Huw Griffiths
Igaja Alataq
International Thwaites Glacier Collaboration
Irene Giorgini
Ivan Rakov
Jade Xia
Jake Soplanda
Jakob Markussen
James Balog
James Fulcher
James Grecian
Jamie Coleman
Jan Stipala
Jason Roberts
Jaume Forcada
Jay Rotella
Jefferson Beck
Jennifer Duff
Jennifer Jackson
Jessica U. Meir
Jim DeWitte
Jim Guerrero
Joanna Weeks
John Bryans
John Durban
Jon Tyler
Jonny Keeling
Jordan James
Jordan Schaeffer
Juan Carlos
Julia Mishina
Julian Hector
Juliette Hennequin
Justin Hofman
Justine Allan
Kadmiel Maseyk
Karina Moreton
Katey Walter Anthony

Kath Walker
Katie Hall
Katrin Linse
Keith Larson
Kieran Baxter
Kimberly Przybyla
Kostya
Krista
Land of the Leopard National Park
Leigh Hickmott
Lindsay Steinbauer
Lucy Hawkes
Marcus Shirley
Maria Norman
Marianne Marcoux
Marisa Luisa Sanchez Montes
Marjolaine Verret
Mark Brandon
Mark Elbroch
Martin Collins
MARUM, University of Bremen
Mathilde Poirier
Matt Thoft
Matthew Witt
Michael Barratt
Michael Double
Michael Gooseff
Michael Korostelyov
Michael Meredith
Mikael Härd
Mikhail Andreev
Mikili Kristiansen
Miles Ecclestone
Miranda Dyson
Mittimatalik HTO
Nadescha Zwerschke
NASA
Natural History Museum of Denmark
National Science Foundation
Nathan Russ
Neil Brock
New Zealand Department of Conservation/Te Papa Atawhai
Nigel Adams
Nigel Hussey
Nikolai Agapov
Nisar Malik
Northwest Territories Film Commission
Northwest Territories Geological

Survey
Norwegian Polar Institute, Norwegian Antarctic Research Expedition 2017-2018
Olga Shpak
Open University
Oskar Strøm
Owl Research Institute
Pangnirtung HTO
Patrick Baker
Patrick Evans
Patrick Jacobsen
Patrick Makin
Paul Lawrence
Petr Sonin
Phil Hanke
Phil Stone
Philip Trathan
Pierre Rasmont
Polar Bears International
Polar Regions Department, UK Foreign and Commonwealth Office
PolarX
POLOG
Poul Ipsen
Qillaq Kristiansen
Rhonda Pitoniak
Richard Gill
Richard Phillips
Ricky Kilabuk
Rob Frost
Rob Robbins
Robert Sila
Robert Utting
Roberto Donoso
Rodney Russ
Rodrigo Moraga
Roza Laptander
Ru Mahoney
Russell James
Sally Peterson
Sanikiluaq HTA
Sarah Fortune
Sebastien Deschamps
Sergei Melnik
Shigeyuki Izumiyama
Silas Petersen
Simon Knox
Sivuqaq Community of St Lawrence

Island Sivuqaq Incorporated of Gambell
Sofus Alataq
Sridhar Anandakrishnan
Stas Zakharov
Stefan Jacobsen
Steffen Olsen
Steve Cole
Steve Ferguson
Steve Rupp
Stig Henningsen
Su Pennington
Sue Aikens
Svetlana Artemeya
Takayo Soma
Tawani Foundation
Te Rūnaka o Makaawhi
Terra Mater Studios GmbH
Theo Ikummaq
Thomas Mock
Tiago Bartolomeu
Tim Fogg
Timothy Bürgler
Tom Horton
Tom & Sonya Campion
Tom Thurston
Tommy Franzen
Tony Oney
Tore Haug
Trottier Family Foundation
Ukpeaġvik Iñupiat Corporation
United States Antarctic Program
University of Cambridge
University of Mons
Valentin Beneitez
Valentine Kass
Vernon Chu
Viktor Bardyuk
VisionHawk Films
Volker Ratmeyer
Wolong National Nature Reserve Administration Bureau
Wood Buffalo National Park
Wrangel Island State Nature Reserve
Yang Hongjia

插图贡献者

1 Alex Lanchester; 2~3 Florian Ledoux; 4~5 Danny Green/Naturepl Picture Library

第1章

6~7 Wild Wonders of Europe/Munier/Naturepl Picture Library; 8~9 Florian Schulz; 10~11 Guy Edwardes Naturepl Picture Library; 12 Yoland Bosiger;13 Stefan Christmann/Naturepl Picture Library; 14~15 Casper McKeever; 15 Stefan Christmann/Naturepl Picture Library; 16~17 Yoland Bosiger; 18~19 Alex Vail; 20~22 BBC Studios; 22~23 Juliette Hennequin; 23 BBC Studios; 24~25 Juliette Hennequin; 27 Tim Flach; 28~29 BBC Studios; 30 Juliette Hennequin; 31 Yoland Bosiger; 32~33 guvendemir/Getty; 34~35 Ashley Cooper/Naturepl Picture Library; 36~37 Valeriy Maleev/Naturepl Picture Library; 38~40 Pete Cayless; 41~43 Sergey Gorshkov; 44~45 Matthias Breiter/Minden/Naturepl Picture Library; 46~47 BBC Studios; 48~49 Florian Schulz; 50 Sylvain Cordier/Naturepl Picture Library; 51 BBC Studios; 52~53 Sylvain Cordier/Naturepl Picture Library; 54 Tony Wu/Naturepl Picture Library; 55~58t BBC Studios; 58b Tony Wu/Naturepl Picture Library

第2章

60~69 Florian Ledoux; 70~73 BBC Studios; 74~75 Nansen Weber/Weber Arctic; 76~78 Justin Hofman; 78~79 BBC Studios; 79 Daisy Gilardini; 80 BBC Studios; 81~83 Justin Hofman; 84 BBC Studios; 85 Christophe Courteau/Naturepl Picture Library; 86 BBC Studios; 87 Alexander Benedik; 89~91 John Aitchison; 92~93 Florian Ledoux; 94 BBC Studios; 95 Florian Ledoux; 96~97 Barrie Britton; 98~99 Daisy Gilardini; 100~101 Olly Jelley; 102 Sam Merek; 103~106 Olly Jelley; 106~107 Grigory Tsidulko; 107 Sergey Gorshkov

第3章

108~109 Delpixel/Shutterstock; 110~111 HPS/Alamy; 112~113 Freddie Claire; 114 BBC Studios; 115 Freddie Claire; 116 Jan Stipala; 117~118 Freddie Claire; 119 Jan Stipala; 120~121 Laurent Geslin/Naturepl Picture Library; 121~122 David Pattyn/Naturepl Picture Library; 120 BIOSPHOTO/Alamy; 124~125 Olly Jelley; 127 Danny Green/Naturepl Picture Library; 128~129 Yukihiro Fukuda/Naturepl Picture Library; 130 Kirill Skorobogatko/Shutterstock; 132~133 BBC Studios; 132 Matt Hobbs; 134 Hunter Baar; 135~137 BBC Studios; 138~139 Shane P. White/Minden/Naturepl Picture Library; 140~143 Tui De Roy/Roving Tortoise Photos; 144~145 Ingo Arndt/Minden/Naturepl Picture Library; 146~147 John Aitchison; 148~149 Helen Hobin; 151 Diego Araya; 152~158 BBC Studios; 159 Andrew Gasson/Alamy; 160~161 Juan Carlos Munoz/Naturepl Picture Library

第4章

162~163 Ole Jorgen Liodden/Naturepl Picture Library; 164~165 Stefan Christmann/Naturepl Picture Library; 166~167 Florian Ledoux; 168~169 Stefan Christmann/ Naturepl Picture Library; 170~171 Vicki Beaver/Alamy; 171 Orla Doherty; 173t Ben Cranke/Naturepl Picture Library; 173b Daisy Gilardini; 174~175 Klein & Hubert/Naturepl Picture Library; 176~179 Ben Cranke/Naturepl Picture Library; 180~181 Rachel Wicks; 182 BBC Studios; 183 Rachel Wicks; 185 Justin Hofman/ Alamy; 186 Martin Collins/BAS; 187~189 BBC Studios; 190 Lyn Irvine; 191t Paula Olson, courtesy International Whaling Commission; 191b BBC Studios; 192 Stefan Christmann/Naturepl Picture Library; 193~195 Justin Hofman; 196 Yoland Bosiger; 196~199 Justin Hofman; 200~201 Pete McCowen; 201~203 BBC Studios; 204 Florian Ledoux; 205 Pete McCowen; 206 John Eastcott and Yva Momatiuk/Minden/ Naturepl Picture Library; 208 BBC Studios; 209 Brent Stephenson/Naturepl Picture Library; 210~211, 213t George Steinmetz; 213b Dale T. Andersen; 214~215 George Steinmetz; 216~219 Dale T. Andersen

第5章

220~221 Matthias Breiter/Minden/Naturepl Picture Library; 222~223 Sergey Gorshkov; 224~225 Matthias Breiter/Minden/Naturepl Picture Library; 226~227 Fortunato Gatto; 228~229 Olga Kamenskaya/Naturepl Picture Library; 230~235 BBC Studios; 236~239 Howard Bourne; 240~242 BBC Studios; 243 Olly Jelley; 244~249 Sergey Gorshkov; 251 Vladimir Medvedev/Naturepl Picture Library; 252~253 Sergey Gorshkov; 254~265 BBC Studios; 266~277 Peter Mather/Minden/Naturepl Picture Library; 268 BBC Studios/Florian Schulz; 269 Florian Schulz; 270~271 Peter Mather/Minden/Naturepl Picture Library

第6章

272~273 Jordi Chias/Naturepl Picture Library; 274~275 Ben Cranke/Naturepl Picture Library; 276~279 Andrew Yarme; 280~281 Florian Ledoux; 283 BBC Studios; 284~285 Olly Jelley; 286~287 BBC Studios; 289 NASA/Joshua Stevens, using Landsat data from the US Geological Survey, and ICESat-2 data from the National Snow & Ice Data Center; 290~291 John Aitchison; 292~293 Sergey Gorshkov; 294~295 Benjamin Sadd; 296~297 Contains modified Copernicus Sentinel data [2020], processed by Pierre Markuse; 299 Anton Petrus/Getty; 300 BBC Studios; 300~301 Hamish Pritchard; 301 Ed King; 302~303 Jemma Cox; 304 Dale Pomraning; 305 Jemma Cox

前环衬Florian Ledoux; 后环衬Davld Allernand/Naturepl Picture Library